数学文化透视 1
——艺术、建筑和大自然的馈赠

汪晓勤 著

上海科学技术出版社

图书在版编目（CIP）数据

数学文化透视. 1, 艺术、建筑和大自然的馈赠 / 汪晓勤著. -- 上海 : 上海科学技术出版社, 2025.5. (砺智石丛书). -- ISBN 978-7-5478-7169-0

Ⅰ.01-49

中国国家版本馆CIP数据核字第20251VJ448号

数学文化透视 1——艺术、建筑和大自然的馈赠
汪晓勤　著

上海世纪出版(集团)有限公司
上海科学技术出版社　出版、发行
(上海市闵行区号景路159弄A座9F-10F)
邮政编码201101　www.sstp.cn
江阴金马印刷有限公司印刷
开本 787×1092　1/16　印张 16.125
字数 180千字
2025年5月第1版　2025年5月第1次印刷
ISBN 978-7-5478-7169-0 / N·297
定价：89.00元

本书如有缺页、错装或坏损等严重质量问题，请向印刷厂联系调换

序 一

数学文化,主要讲述数学的历史、思想、方法、精神,以及数学与人类其他知识领域之间的关联,如数学与自然、数学与生活、数学与科技、数学与历史、数学与文艺、数学与建筑、数学与游戏,等等。近年来,数学文化以其独特的教育价值日益受到我国数学界的重视:高校以及部分中学"数学文化"课程的设置,"数学文化"刊物的出版,全国性学术会议的增多,可见数学文化已经融入数学教学的领域。

本书作者为华东师范大学汪晓勤教授,他博学多才,长期担任"数学文化"选修课的教学工作。2008年,华东师大在国内率先将"数学文化"课程纳入文科生"通识限选课程模块"之中。展现在读者面前的这本书正是他多年来潜心学习和思考的结果。本书力图通过数学文化的宣扬来改变大中学生乃至公众的数学观,激发他们的数学兴趣,提高他们的数学素养和数学鉴赏力,让他们感受数学文化的魅力。

与国内已有同类书不同,本书力求通俗、趣味、广博,寻求数学与文化之间的平衡点。其基本特点是:

• 通俗:让没有学过微积分的学生看得懂书中的数学内容并领略微

积分的神奇价值。

- 趣味：尽量选择能引起学生兴趣的材料。
- 广博：通过数学与自然、数学与人文、数学与建筑、数学与文学艺术等具体的专题来呈现数学与其他知识领域之间的关联，显示出数学的魅力和价值。

相信本书的出版对于数学文化的传播、高校数学文化课程的建设，以及数学文化与数学教育关系的研究都将起到积极的作用，特此为序。

中国科学院计算数学研究所研究员，中国科学院院士

石钟慈

序 二

月前游学沪上，在华东师大闵行校区的漂亮校园里见到多年未面的汪晓勤博士，他早已是这所名校的数学教授和数学教育学科的带头人了。言谈中晓勤提到，在多年讲授相关课程的基础上，最近完成了一部有关数学文化的书稿，问我能否为它写点什么。晓勤曾于20世纪90年代末在中国科学院自然科学史研究所攻博，他在数学史这一行当中的"辈分"却不容小觑——原杭州大学著名数学史家沈康身先生是他的硕士指导教授，而沈先生向来以治学严谨和课徒严厉闻名。我了解晓勤的学术功底和为人做事的认真，最近几年不断在学术刊物上读到他的精彩文字，尤其是涉及晚清以来渐为国人知晓的那些中外数学人物，如伟烈亚力、罗密士、德摩根、艾约瑟、毕欧、华里司、华蘅芳、李善兰等，还有许多隐身其后的有趣故事，那些恰好也是我所关注的题材。有了这两层意思在里面，作序的事情就应承下来了。

及至读到晓勤发来的PDF文档，我才意识到这不仅仅是个朋友间的信任与情分问题。花了一整个周末的时间将文稿通读一遍，内心竟浮现出一种被抛出兔子洞后的爱丽丝一般的感觉：里面的世界太奇妙了，而在那些光怪陆离的角色和故事背后，隐隐然地透出逻辑和秩序。

讲到数学文化，就不能不提及美国数学史家莫里斯·克莱因的《西方文化中的数学》，这是一部堪称经典的学术著作，不但受到包括中国在内的世界读者的欢迎，在国际学术界（科学史、文化史、艺术史）也享有一定的声誉。另一种带有文化韵味的数学读物就是种种以"趣味"为招牌的作品，此中的翘楚当首推马丁·加德纳的数学小品，他在《科学美国人》上开设的"数学游戏"专栏在长达24年的时间里风靡欧美；在中国，谈祥柏老先生的文章和图书也有很大的影响。

读者们手头的这本书，就是介于克莱因与加德纳之间的作品。

首先，晓勤充分照顾到学术性的标准，不但对重要的引文和必要的参考文献注明了出处，还在每章之末提供若干可供读者思考和练习的"问题研究"，以名人嘉言为章首题献的做法则与克莱因一脉相承。尽管出版社方面坚持普及性第一的要求，作者那根深蒂固的学院做派在书中还是随时表现出来，如对一些著名问题的历史陈述（"约瑟夫问题"、斐波那契数列、黄金分割法等），对一些"非著名"数学家事迹的发掘（华里司、罗比逊、普雷费尔等），对中外重要文献的引证（当页脚注和书末参考文献），对重要原文的说明或翻译（塔塔格里亚的三次方程求根诗，以及题为"数学与诗"那一节中众多由作者亲自翻译的诗歌等），就都是突出的例子。

其次，该书的趣味性也是毋庸置疑的，尤其是那些精美的插图，包括照片、卡通、书影、图案、美术作品等，配合文字发挥了很好的渲染效果，而晓勤对集邮的爱好在这方面更起到了锦上添花的作用。他所使用的邮票，多与书中的人物或数学内容相关，有些罕见的邮品在令人惊叹之余，不禁让人想到科学文明是全人类共同财产这一隽永的话题。举例来说，通过阅读书稿，我才知道非洲小国多哥竟然发行过以我国元代算书《四元玉鉴》为主题的邮票，上面还用中文注明"零与负数的观念"和"算筹十进位法"；太平洋上的岛国密克罗尼西亚也曾以刘徽"割圆术"为题发行邮票，其上的英文写着"公元三世纪对 π 值的计算"和"刘徽的《九章算术》(应为《九章算术·注》)，公元 264 年（应为 263 年）"；几内亚比绍则发行过利玛窦与徐光启的邮票。至于书中引用的世界各国发行的其他涉及数学题材的邮品，诸如展现对称概念的蝶翅、兽角、昆虫、禽鸟、雪花、晶体等，对毕达哥拉斯定理的表现、叶瓣契合斐波那契数的花卉、有关黄金分割的建筑、莫比乌斯带的种种造型等，真是琳琅满目、异彩纷呈。

我最看重的还是这部书稿的思想文化内涵，其中充满了能够"唤起心智，澄净智慧"和"涤尽我们有生以来的蒙昧与无知"（普利克鲁斯语）的东西。法国昆虫学家法布尔与数学的遭遇就是一个生动的例子：他阴错阳差地成了别人的数学辅导员，不得已偷出老师的参考书来恶补，神不知鬼不觉地对数学有了领悟，后来还在蜘蛛网的形状中发现了神奇的数字 e（自然对数的底）。艺术与数学的关系，特别是文艺复兴盛期兴起的透视法为西方绘画艺术带来的革命性转变，早已是一个脍炙人口的议题，这里不妨一笔带过。值得注意的是，书中有一节专门介绍政治人物与数学的关系，出场的角色有林肯、杰弗逊、加菲尔德、拿破仑、戴高乐等；拿破仑三角形和洛林十字架这两个数学问题更是令人印象深刻。还有一章（第 6 讲[1]）则专门介绍文学家与数学的缘分，涉及的人物有斯威夫特、狄更斯、卡莱尔、柯南·道尔、司汤达、雨果、爱伦·坡、列夫·托尔斯泰、陀思妥耶夫斯基、

---

[1] 此次分两册出版，第 6、7、8、9 讲分别为《数学文化透视 2》的第 1、2、3、4 讲。

扎米亚金、金庸等；两栖人物道奇森（即刘易斯·卡洛尔）的爱丽丝系列和阿博特的《平面国传奇》，其中蕴涵的丰富数学思想都得到了很好的解读。另有一章（第7讲）专门讲述数学"民科"即被晓勤称为"五好牌"（指"好奇""好胜""好高""好名""好奖"者）们的悲喜剧，读来忍俊不禁，不过千百年来发生的故事时时还在我们身边重现。

这就是摆在你眼前的《数学文化透视》，尝试着从头读起吧。相信你一定能从中获益，无论自己过去对数学的看法如何——是爱，是畏，还是恨。

中国科学院自然科学史研究所研究员　刘钝

于北京中关村梦隐书房

目 录

前言

第 1 讲　自然之秘　001
  1.1　对称之魅　001
  1.2　生命之线　016
  1.3　蜜蜂之智　024
  1.4　斐氏之灵　032

第 2 讲　文明足迹　048
  2.1　百牛之祭　048
  2.2　隔岸量河　065
  2.3　海岛奇迹　070
  2.4　天外来客　073
  2.5　牛刀小试　081
  2.6　财富理论　091

第 3 讲　东晴西雨　097
  3.1　千古绝技　098
  3.2　泥版一角　112

3.3 精彩纷呈　　120
3.4 世界纪录　　125
3.5 小趣闲觅　　130
3.6 并非玩笑　　135
3.7 连续复利　　136
3.8 真伪之辨　　138
3.9 孰与争锋　　142
3.10 艰难之旅　　148
3.11 荒岛寻宝　　151

第 4 讲　赏心悦目　　155
4.1 几何之美　　156
4.2 比例之谐　　166
4.3 重逢对称　　177
4.4 二次曲面　　183
4.5 数学之魅　　193

第 5 讲　完美结合　　198
5.1 数学工具　　198
5.2 画中幻方　　209
5.3 绝妙镶嵌　　213
5.4 宇宙之图　　218
5.5 莫氏奇带　　221

参考文献　　226

前　言

在一百多年前的一部英国小说《马库斯·奥德尼的道德》中，曾在中学教过数学的主人公马库斯·奥德尼这样评价数学：

> 我年轻时曾在学校里混饭吃，教孩子一门最无用、最灾难性的、最禁锢心灵的学科，教师们无情地、愚蠢地损坏了无数同类的头脑，损毁了无数同类的生命，它就是初等数学。上帝的地球上没有任何人有任何理由去熟悉二项式定理和三角形的求解，除非他是职业科学家……回想起那些为了面包而滥用智力去浪费天真无邪的孩子们的宝贵时光的日子，我感到羞愧和堕落，他们本可以学习如此多美丽而有意义的东西，而不是这门完全无用的、不近人情的学科。他们说，它训练头脑——它教会孩子思考。其实不然。事实上，它是一门枯燥乏味的学科，易于用作学校课程。其神圣不可侵犯性为教育家们省却了巨大的麻烦，它的主要用处便是让没有头脑的年轻人大学毕业后不诚实地混饭吃。他们把这

门学科教给其他人，而其他人又把它教给下一代。[1]

奥德尼最终以"伯父全家在地中海遇难"为由，向"又矮又胖、丑得像欧几里得《几何原本》中的图形一样"的校长递交了辞呈。《几何原本》中的图形怎么啦？

一名数学教师尚且如此看待数学，更何况一般公众呢？英国学者赫佩尔（G. Heppel）曾在宣读于1893年改进几何教学协会会议的一篇论文中，引用下面的诗句来说明人们对枯燥乏味的数学课本的嘲讽[2]：

> 如果又一场洪水暴发，
> 请飞到这里来避一下，
> 即使整个世界被淹没，
> 这本书依然会干巴巴。

《圣经》中所讲的那场洪水能够淹没整个世界，却未能浸湿我们的数学书，这是对数学多么辛辣的讽刺！斗转星移，沧海桑田，世界已不是百年前的世界，数学也不是百年前的数学，但世人对数学的印象却似乎并未改善。

今天，对于不少学生来说，苦游题海、备战高考的岁月并未给他们带来多少快乐的数学学习体验。一位文科生撰写打油诗一首，表达对数学的厌恶和恐惧：

> 凌晨三点起，星月来伴我。
> 问我为何愁，双眉深深锁。

---

[1] Locke W J. *Morals of Marcus Ordeyne*. New York: Grosset & Dunlap Publishers, 1906, 244–245.
[2] Heppel G. The use of history in teaching mathematics. *Nature*, 1893, 48: 16–18.

> 术语乱如麻，公式爪哇国。
> 失足落陷阱，错题一大箩。
> 头昏又脑涨，心惊胆且破。
> 数学不爱我，无情相折磨。

另一位文科生如是写道——

> 面对一大堆数学符号，犹如面对奇形怪状的石头。相对无言，唯有汗千行。从此，数学一病不起，在我的世界中永远如同患了痨病一般，无药可治得让我深恶痛绝，想的最多的就是赶紧逃离与它有关的世界……数学，想说爱你不容易。

在他眼里，数学就像一堆奇形怪状的石头，丑陋、生硬、冰冷、毫无生机。不只是他，谁又会喜欢这样的数学呢？

笔者曾经对选修"数学文化透视"（公共选修课）和"数学文化"（文科通识限选课）的部分学生做过一项调查，目的是了解他们对数学的看法。调查表明，相当一部分文科生和绝大多数艺术类学生看待数学的消极程度并不亚于马库斯·奥德尼。从调查结果来看，学生的数学观有以下特征。

除却考试无所用

所有学生心目中的数学都深深刻上了考试的烙印。许多学生觉得数学不过是一门用于考试的学科而已。一位来自工商管理系、中学时代十分喜欢数学的同学这样写道："我心目中的数学只是一个神奇的谜，在它面前，我一直都是一只井底之蛙，因为我看到的仅仅是数学试卷上老师批的分数，一些让我欢喜让我忧的数字。"另一位来自经济系、中学时代数学成绩很不错的同学如是说:"我对数学的认识全部来自课堂,它给我带来最大的效用就是能应付考试。没有了考试,我不知道它还能不能吸引我。"

一名英语系学生认为,"以前在小学、中学,不论是老师还是学生,都把数学当作一种算的学科,十分强调解题和运算,搞题海战术,至于数学到底学来干嘛,很多人都不清楚。因为老师上课不讲,只讲题目;学生也不去深究,只当它是个跳板,一块敲门砖,只要学好了,就能够跳进重点小学、中学,就能够敲开名牌大学的大门。在这样的教学模式下,数学被肢解了,被功利化了,数学的精神和思想被忽略或是扭曲了。这是数学的悲哀!"

被动学习成负担

不少学生的学习是被动的。一位来自英语系的学生这样写道:"对于数学,我只有死做题目的份:高中实在出于无奈,要不是老师的'严刑逼迫',我才不会去做那高强度的《一课一练》。"一位来自中文系的学生多少带点偏激地写道:"初涉数学时,我不过如靖节先生所言般因役于口腹、从于人事而不得已为之。从小学到高中,在我看来,数学不过是升级、升学的一项负担、一条枷锁……过去中小学的数学教育只是让数学如童养媳般跟随他人左右,若非有父母之命在身,肯定会被一脚蹬掉!"

数学之美何处在

部分学生感受不到数学美。一位来自政治学与行政学系的学生写道:"有人说,数学蕴含着浓郁的诗意,然而这并不是任何人都能体会到的。面对一个公式或一个理论,训练有素的数学家和物理学家常常发出'美丽'的感叹，而对于不谙此道的普通人来说，却不过是一组无意义的符号。我深深感到自己永远也无法达到那个境界了。"一名来自英语系的学生如是说："从初中开始，就经常听数学老师说'数学是很美的'。可说实话，我从来没有体会到数学究竟有多美。我对数学的印象也就是数字＋符号＋定理、公式＋草稿纸＋埋头苦算。有时还真对陈景润能否沉浸于旁人看来枯燥乏味的演算中产生疑惑，数学真有那么大魅力？……我从来未曾因看到某一定理、某一公式的美丽而欣喜，实在是没有人给我打开过那扇通往数学之美的大门。"

回首难拾自信心

一些学生虽如愿以偿跨进大学门槛，可是对于数学的自信心早已荡然无存。一名来自英语系的女生这样描述自己学习数学的经历："小时候，我心中的数学是彩色的，由各色各样的模型和图片组成，可以触摸。它藏在我的玩具中，我的连环画册里，我的衣服上……后来我上学了，小学、初中时，数学对我来说是红色的。自从被灌了许多定理公式之后，它又换了一幅面目出现在我的生活中，在课本、练习和试卷上。我不得不放弃儿时的诸多关于数学的遐想，转而以毕恭毕敬的姿态迎接它。然而我的心灵从此却受到了压抑，数学的形象被一个个红色的叉叉给扭曲了。每个等号后面仿佛是无底的深渊，问号在威逼利诱我跳下去，而我却总是躲在悬崖边战战兢兢，冒汗发抖，仿佛眼前已浮现出红灯的幻影。这一片红色怎能叫我不紧张呢？高中时，数学对我来说是黑色的。高中的数学老师光溜溜的脑袋里蕴藏着哲学的智慧。他在对数学归纳法概括的那句'有限的生命可以做无限的事'使我更加确定了数学天生的哲学气质，如同适合穿黑色晚礼服的人的庄重。然而我有限的智慧阻止了我进入那片深邃而神圣的宇宙。我身困填鸭式的题海中，并且丧失了辨别方向和游泳到岸边的能力。高考试卷上虚妄的分数对我只是一种嘲弄。其实我根本不懂数学，不懂数学的思维方式，那对我而言永远是可望而不可即的黑色，即使我身陷其中，也是浑然无知的。"

毋庸讳言，在数学文化课上，我们不得不面对许多厌恶数学、害怕数学、持有消极数学观的文科生。因此，我们为"数学文化"课程设定了五个目标。

改变一种印象

美国数学家和数学史家克莱因（M. Kline, 1908—1992）早在 1986 年就批评过数学教学："各级各类小学、中学、大学都把数学作为一门孤立的学科来讲授，而很少将其与现实世界联系起来。"[1] 事实上，学生对数学的刻板印象多半源于我们的数学教学。

在本书第 1 讲，我们将通过自然界中的对称现象与斐波那契数列现象、蜂房问题等来说明数学在自然界中的普遍存在性；在第 2 讲，我们将通过一些典型数学定理的起源与应用，说明数学与人类文明的密切关系；在第 3 讲，我们从欧拉公式出发，介绍其中三个常数 π、e 和 i 的历史以及它们在不同知识领域的应用。

我们希望通过这些中小学课堂鲜有涉及的内容的讲解，消除学生心目中对数学的消极印象。

架设一座桥梁

比利时－美国著名科学史家萨顿（G. Sarton, 1884—1956）曾指出：

---

1 Pace E. Obituary: Professor Morris Kline. The New York Times, June 10, 1992. http://www.marco-learning systems.com/pages/kline/obituary.html.

剑桥大学的"数学桥"

"在旧人文主义者和科学家之间只有一座桥梁,那就是科学史,建造这座桥梁是我们这个时代的主要文化需要。"[1] 类似地,我们也可以说,在数学和人文、艺术之间也只有一座桥梁,那就是数学文化,建造这座桥梁是当今大学生文化素质教育的需要。

中学的数学教育往往筛去了"文化",只留下"技术";数学与人类其他知识领域之间的关系更是无人问津。美国学者毕德维尔(J. Bidwell)打了这样的比喻:"在课堂里,我们常常这样看待数学,好像我们是在一个孤岛上学习似的。我们每天一次去岛上学习数学,埋头钻进一个纯粹的、洁净的、逻辑上可靠的、只有清晰线条而没有肮

---

[1] 萨顿.科学史与新人文主义.陈恒六,等,译.上海:上海交通大学出版社,2007:51.

脏角落的书房。学生们觉得数学是封闭的、呆板的、冰冷无情的、一切都已发现好了的。"[1]

本课程的目标之二是在数学与人文、艺术领域之间架起一座桥梁。在第 4 讲，我们从规则的几何图形、比例、对称性、二次曲面等方面来揭示数学与建筑之间的关系。在第 5 讲，我们将介绍文艺复兴时期西方的透视画以及荷兰艺术家艾舍尔（M. C. Escher, 1898—1972）的作品；第 6 讲，从文学作品中的数学主题、文学中的数学方法、文学家与数学、数学家与文学等方面讲述数学和文学之间的密切关系。

提高一点素养

某报实习记者在题为《我证明了费马大定理，谁来证明我》的报道中，用下面的文字来引入主人公方友法"解决"费马大定理的故事：

> 17 世纪中期的一天，法国著名数学家费马由于失恋想自杀，时间定于晚上零点。离自杀还有几小时，他随手拿起了一本前人的数学专著，翻到"将一个高于 2 次的幂分为两个同次的幂，这是不可能的"的结论时，觉得并不正确，他想把自己的思维记录下来，但偏偏身边没有纸，只能写在书的空白处，而书的空白处又写不下，于是他只好不无遗憾地写道：关于此，我确信已发现美妙的证法，可惜这里空白的地方太小，写不下。
>
> 写下这些后，费马发现原定的自杀时间已过，他就不再自杀。但事后，他自己也想不起那美妙的证法了……

---

[1] Bidwell J K. Humanize your classroom with the history of mathematics. *Mathematics Teacher*, 1993, 86(6): 461-464.

从事律师职业、兼任图卢兹议会议员的费马（P. de Fermat, 1601—1665）酷爱数学，仕途顺利，何曾想过轻生？"将一个高于 2 次的幂分为两个同次的幂，这是不可能的"这个命题正是费马大定理，是费马读了丢番图（Diophantus）《算术》之后提出的，丢番图何曾提过？难道费马觉得"费马大定理"不正确？可见，尽管整篇报道讲费马大定理，但作者根本不知道费马大定理为何物。这位实习记者的数学和数学史知识严重匮乏，使得这篇长篇报道成为一则笑话。

本课程的第三个目标是提高文科生的数学文化素养。第 7 讲为这一目标服务，讲述古往今来那些试图解决古希腊三大难题的"五好牌"们的悲剧性故事。

增添一分趣味

马克·吐温（Mark Twain, 1835—1910）说过："工作是一个人被迫去做的事情，而玩耍则不是他非做不可的事情。"[1] 为什么趣味数学伴随着数学的发生古已有之？原因很简单：喜欢游戏是人类的天性，游戏是无须被迫去做的。换言之，人类对于游戏有着自然的兴趣。德国教育家迪斯特韦格（F. A. W. Diesterweg, 1790—1866）曾经指出："兴趣会促进一个人的较大的爱好，唯有有教养的人才能领会兴趣，兴趣按其本身来说能促进培养。教师要有熟练的技巧来活跃课堂教学，引起学生的浓厚学习兴趣，因为兴趣会使学生自然而然对真善美产生乐趣，并会使学生心甘情愿追求真善美。"[2]

---

[1] If he had been a great and wise philosopher, like the writer of this book, he would now have comprehended that Work consists of whatever a body is *obliged* to do, and that Play consists of whatever a body is not obliged to do. In: Twain M. *The Adventures of Tom Sawyer*, New York: Harper and Brothers, 1903: 34.

[2] 第斯多惠. 德国教师培养指南. 袁一安，译. 北京：人民教育出版社，2001.

增加数学的趣味性，让学生对数学产生兴趣，是本课程的第四个目标。第 8 讲介绍历史上一些典型的趣味数学问题。摆渡问题家喻户晓、妇孺皆知；数字棋作为"哲学家的游戏"，曾长盛不衰数百年；约瑟夫问题源自生死攸关的战争故事；三罐分酒问题让一个孩子初尝成功体验，深深爱上数学；十五子戏广为流传，成了人类痛苦的渊薮；梵天塔问题带着古老神话的神秘，依然是我们今天数学教学的素材；蜘蛛与苍蝇问题挑战我们的直觉；关系问题训练我们的逻辑思维能力；几何谬论则激发我们的好奇，引发我们的探究。

趣味数学问题将让我们感受到数学的无穷魅力。

传递一缕书香

历史上，无数先哲为我们留下了宝贵的精神财富。本课程的第五个目标便是向学生传递数学背后的人文精神。在第 9 讲，我们将穿越时空，奔赴与数学先哲的心灵之约，聆听他们平凡而又不凡的故事。

追求真理、放弃财产的阿那克萨哥拉，在铁窗下依然做着数学研究；家境贫寒、身为书童的拉缪斯挑灯夜读、自强不息、九年磨砺，终获硕士学位；挑战世俗、筚路蓝缕的索菲·热尔曼在墨水结冰的冬夜依然勤学不息；少年失学、三载学徒的华里司不向命运低头，焚膏继晷，终成大学教授；初识西学、茫然不解的华蘅芳潜心学习，最终领悟微积分的奥妙；出生文科、害怕数学的法布尔知难而进，在壁炉的火光下度过一个又一个钻研数学的不眠之夜……先哲们的勤奋和执着，他们对真理和美的不懈追求，他们对权威的怀疑和挑战，无不是数学精神的一部分。

M. 克莱因曾指出，历史上数学家所遇到的困难，正是今日课堂上学生所遇到的学习障碍，[1] 英国数学史家福弗尔（J. Fauvel，1947—2001）曾总结数学教学中运用数学史的理由，其中有"使学生感到数学不那么可怕""使学生获得心理安慰"以及"改变学生的数学观"[2]。美国学者琼斯（P. S. Jones, 1912—2002）认为，数学史的用途之一是向学生揭示概念的困难与阻碍进步的错误[3]。在本讲最后，我们将通过数学史上的若干谬误，揭示数学活动的庐山真面目，告诉学生，数学不过是人类的一种文化活动，数学学习和数学研究都会遭遇困难、挫折、失误和失败。

现在，且让我们走进精彩纷呈的数学文化世界。

1　Kline M. A proposal for the high school mathematics curriculum, *Mathematics Teacher*, 1966, 59(4): 322–330; Kline M. Logic versus pedagogy. *American Mathematical Monthly*, 1970, 77(3): 264–282; D. Albers J, Alexanderson G L.(eds.). *Mathematical People: Profiles and Interview*, Boston: Birkhäuser, 1985: 171.

2　Fauvel J. Using history in mathematics education. *For the Learning of Mathematics,* 1991, 11(2): 3–6.

3　ANON. The dangerous hole of zero. *HPM Newsletter*, 2001(46): 2–3.

第 1 讲

自然之秘

> 通过数学，地球上的一切动物和植物都能得到理解！
>
> ——汤普森

1.1 对称之魅

> 你把它放在锯末里煮、胶水里腌，
>
> 你用蝗虫和酒把它浓缩：
>
> 但始终别忘了主要目标——
>
> 保持它的对称形状。

这是《爱丽丝漫游奇境记》的作者刘易斯·卡洛尔（Lewis Carroll）所写的荒诞诗《捕猎蛇鲨》第五篇"海狸上课"中的一段[1]。诗中，屠夫给海狸上自然史课，讲起 Jubjub 鸟的烹制方法——煮、腌、泡，但主要目标

---

1 原文是："You boil it in sawdust: you salt it in glue / You condense it with locusts and tape / Still keeping one principal object in view——/To preserve its symmetrical shape." In: Carroll L. The Hunting of the Snark: An Agony in Eight Fits. http://etext.library.adelaide. edu.au/c/carroll/lewis/snark/complete.html.

却是保持它的"对称性"。

所谓"对称",从数学上讲,就是一个几何图形在经过某种操作(如平移、反射、旋转等)之后保持形状不变的性质。在人们心目中,对称具有和谐、完美的含义。在烹制过程中,Jubjub 鸟的对称性当然会受到破坏,但自然状态下的鸟类却存在着普遍的对称性。实际上,在整个自然界,广泛存在着对称美。对动物来说,结构上的对称是进化的必然结果,因为,为了生存,只有身体的左右结构对称时,它们才能跑得快或飞得高。

在所有的动物中,蝴蝶是对称美的典范,因而受到人类的喜爱。蝴蝶拥有左右对称的翅膀,翅膀上的图案一般也是对称的。

许多动物不仅拥有对称的体型,而且在对称性上也表现出很强的"鉴赏力"。对称性往往成了一些动物择偶的条件。长有一对高大且非常对称的角的雄性马鹿"妻妾"成群。当雄马鹿在格斗中损坏了鹿角的对称性时,雌鹿就会因此离开。雌燕喜欢具有对称叉骨体型、尾巴两侧羽毛大小匀称、颜色一致的长尾巴雄燕。雌性蝎蛉易于看见或通过外激素找到具有对称翅膀的雄性蝎蛉。鸟类学家在实验中惊奇地发现,雌性斑胸草雀更偏爱双腿绑有同一颜色标签的雄性斑胸草雀!

研究者猜想,雄性动物的对称身体可能告诉雌性这样的信息:雄性在其生长过程的所有重要阶段,其核心操作系统均处于最佳状态,且其免疫系统能够抵抗寄生虫的感染,这种感染会引起羽毛、翅膀、骨骼等的不平衡生长。对称身体还可能意味着,雄性能够忍受诸如食物匮乏、极端气候以及环境污染之类的威胁。科学家甚至猜想:雌性蟋蟀更喜欢听肢体对称的雄蟋蟀的"歌声"[1]。

---

1 Angier N. Why birds and bees, too, like good looks. *The New York Times*, Feb. 8, 1994. http://www.nytimes.com/1994/02/08/science/why-birds-and-bees-too-like-good-looks.html?pagewanted=all&src=pm.

图 1-1　蝴蝶（德国，1991）

图 1-2 蚊子(阿富汗,1963)

图 1-3 加拿大马鹿(加拿大,1988)

图 1-4 燕子(保加利亚,1965)

图 1-5 斑胸草雀(澳大利亚,1978)

图 1-6 蟋蟀(朝鲜,1993)

研究者还发现,翅膀对称的雌性蝎蛉具有更强的捕食、统治同类和打击对手的能力。

在无机界,对称也是普遍存在的,尤其是晶体最为引人注目。俄国结晶学家费多洛夫(Е. С. Фёдоров,1851—1919)说得好:"晶体闪烁着对称的光辉。"不难发现,晶体大多具有规则的几何外形。

虽然人们常说,世界上没有两片相同的雪花,但雪花一般都呈正六边形。

图 1-7　雪花(美国,2006)

食盐晶体具有正方体形状;黄金晶体和明矾均具有正八面体的形状。

化学家们发现,一些物质,像磷(P_4)的分子,具有正四面体结构,每个磷原子各占据一角;氟化硫(SF_6)分子呈正八面体结构,六

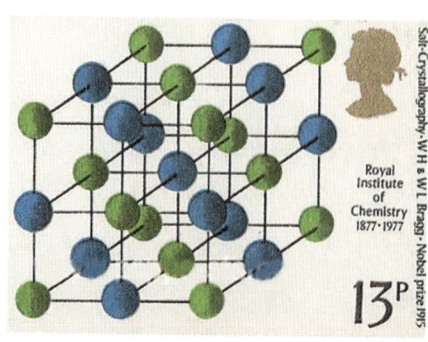
图 1-8　食盐晶体（英国，1977）

图 1-9　矿物质（瑞士，1961）

个氟原子就像六颗星星一样，"拱"着中间的硫原子；一些钛化合物的分子也具有正多面体的形状。费多洛夫利用数学上群的概念解决了晶体的对称性问题。

或许，正是自然界晶体的对称性，使得人类很早就发现了正多面体。考古发现，新石器时期即有了正多面体的刻石。古代凯尔特人留下许多正十二面体形状的器物。

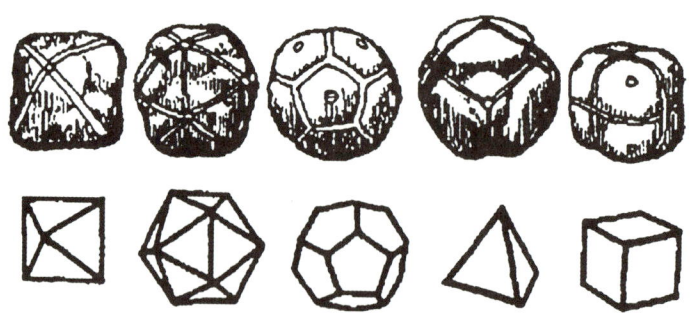
图 1-10　苏格兰新石器时期的正多面体刻石

1885 年，考古学家在意大利北部发掘出一个由皂石砌成的正十二面体，各面刻痕已难以辨认，据认为，这是伊特拉斯坎人公元前 500 年左右的作品。伊特拉斯坎人的确喜爱正十二面体，他们制作过许多正十二面体的青铜器。

晚近时候，考古学家在瑞士日内瓦发掘出一个古罗马正十二面体，各面由银铸成，还刻有黄道十二宫的名称！在伦敦的大英博物馆埃及展室里，还可以看到托勒密王朝时（公元前3世纪）的一对正二十面体骰子。

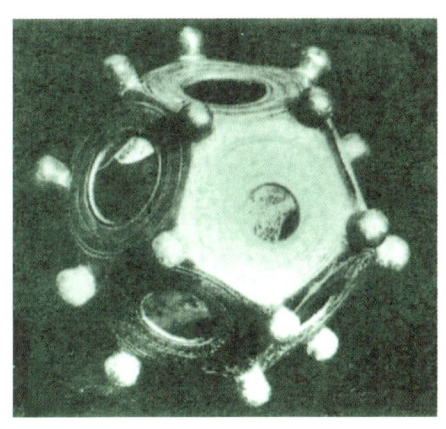 

图 1-11　古罗马正十二面体　　　图 1-12　古罗马正二十面体

公元前6世纪，古希腊毕达哥拉斯学派已经知道五种正多面体，即正四面体、正方体、正八面体、正二十面体和正十二面体。据说学派成员希帕索斯（Hippasus, 前5世纪）因泄露了正十二面体的作图法而被逐出学派（一说被扔进大海处死）。后来，柏拉图学派的泰阿泰德（Theaetetus）证明，正多面体总共只有上述五种。柏拉图（Plato）自己也使用了这五种多面体，并称其为自然界最完美的五种形体。柏拉图将生成宇宙的四原质火、气、水和土的粒子分别赋予了正四面体、正八面体、正二十面体和正方体的形状，还说上帝使用第五种多面体——正十二面体来表示宇宙本身。从那以后，五种正多面体被希腊人称作"柏拉图立体"。

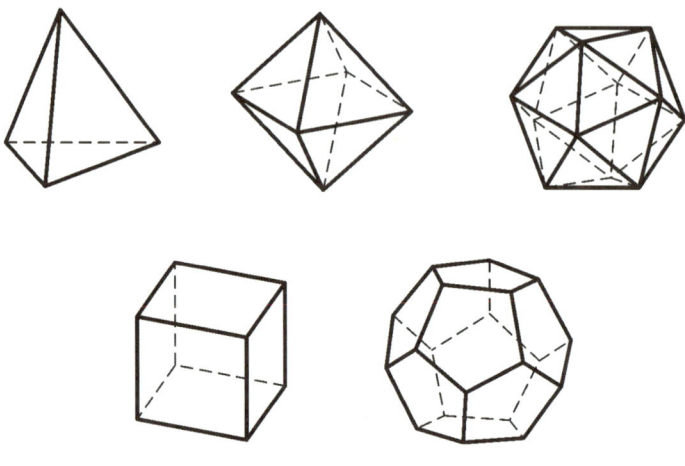

图 1-13　五种正多面体

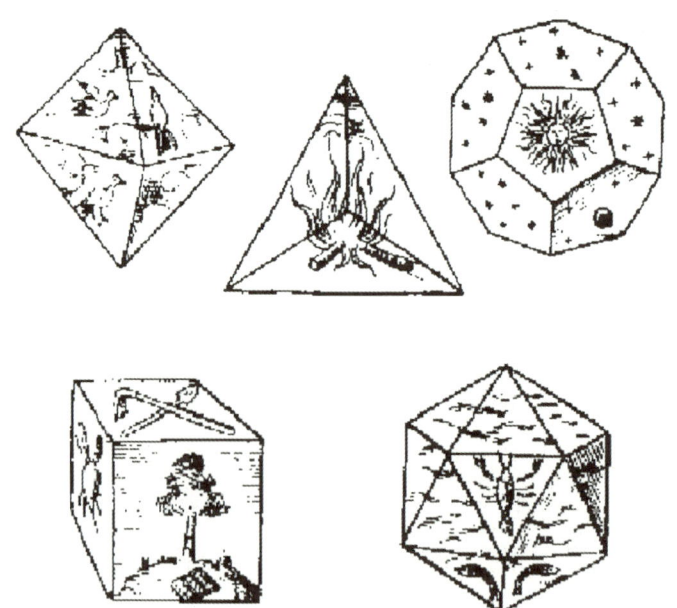

图 1-14　柏拉图立体分别对应于火、气、水、土和宇宙

欧几里得（Euclid）在《几何原本》第 13 卷专门讨论了五种球内接正多面体的作图法，并给出球的直径与正多面体棱长之间的关系。设 a_i 表示球内接正 i 面体的棱长（$i = 4, 6, 8, 12, 20$），D 表示球直径，则

图 1-15　五种正多面体（中国澳门，2004）

$$a_4 = \frac{\sqrt{6}}{3}D;\ a_6 = \frac{\sqrt{3}}{3}D;\ a_8 = \frac{\sqrt{2}}{2}D;$$

$$a_{20} = \frac{\sqrt{10(5-\sqrt{5})}}{10}D;\ a_{12} = \frac{\sqrt{15}-\sqrt{3}}{6}D。$$

同卷最后一个命题（也是全书最后一个命题）证明了正多面体只有五种：设绕顶点 O，共有 m 个正 n 边形（$m > 2$，$n > 2$），它们构成一个立体角。因正 n 边形的每一个角为 $\frac{(n-2)\pi}{n}$，立体角的 m 个角之和为 $\frac{m(n-2)\pi}{n}$。但任何立体角的平面角之和总小于 2π，故有

$$\frac{m(n-2)\pi}{n} < 2\pi,$$

于是得 $\frac{1}{m} + \frac{1}{n} > \frac{1}{2}$。不等式只有五组解（3, 3）、（3, 4）、（3, 5）、（4, 3）、（5, 3），它们分别对应于正四面体、正方体、正十二面体、正八面体和正二十面体。

柏拉图和欧几里得或许都没有想到，五种正多面体会被后世天文学家用于构造太阳系行星模型。

太阳系的六大行星——水星、金星、地球、火星、木星和土星已经为古希腊人所知。在 17 世纪德国天文学家开普勒（J. Kepler, 1571—1630）所生活的时代，另外两个行星还没有被人类发现。为什么行星的数目是六个？在它们运行轨道所在的六个同心圆球的半径之间，是不是存在某种恒定的比值？这些问题一直困扰着开普勒。

1595 年的某一天，他给学生授课时，五个完美的柏拉图立体突然在脑中闪现，一个著名的太阳系行星模型产生了：正八面体恰好外切于水星轨道球面而内接于金星轨道球面；正二十面体恰好外切于金星轨道球面而内接于地球轨道球面；正十二面体外切于地球轨道球面而内接于火星轨道球面；正四面体外切于火星轨道球面而内接于木星轨

图 1-16　开普勒（几内亚比绍，2008）

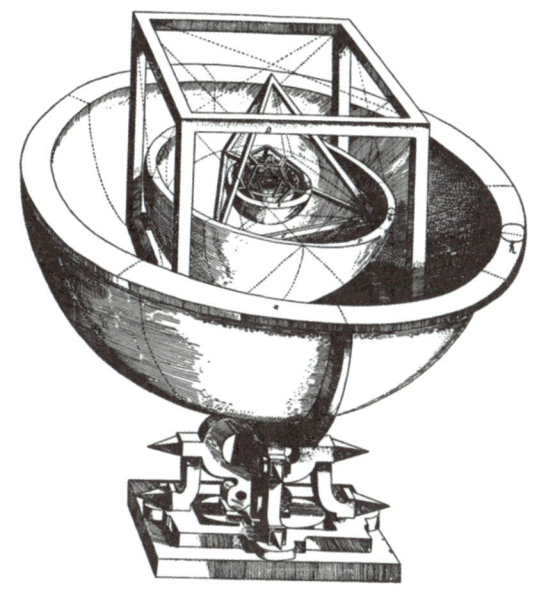

图 1-17 开普勒的行星轨道模型

道球面；正方体外切于木星轨道球面而内接于土星轨道球面。开普勒或许没有想到，他的模型是错误的；他也没有想到，后来的天文学家还会发现更多的行星——天王星和海王星。

生物学家们发现，一种叫放射虫（Radiolaria）的形体微小的海洋动物的骨架竟然具有不同正多面体的形状，包括正八面体、正十二面体和正二十面体。

还有一些病毒，如疱疹病毒、腺样增殖体病毒、艾滋病毒等等都呈正二十面体。尽管这些病毒令人避之犹恐不及，但它们却都是几何高手。

正多面体成了化学家们孜孜以求的目标。在饱和的碳氢化合物中，每个碳原子可以形成四个化学键。因此，从理论上说，正四面体、立方体和正十二面体之合成是可以实现的。

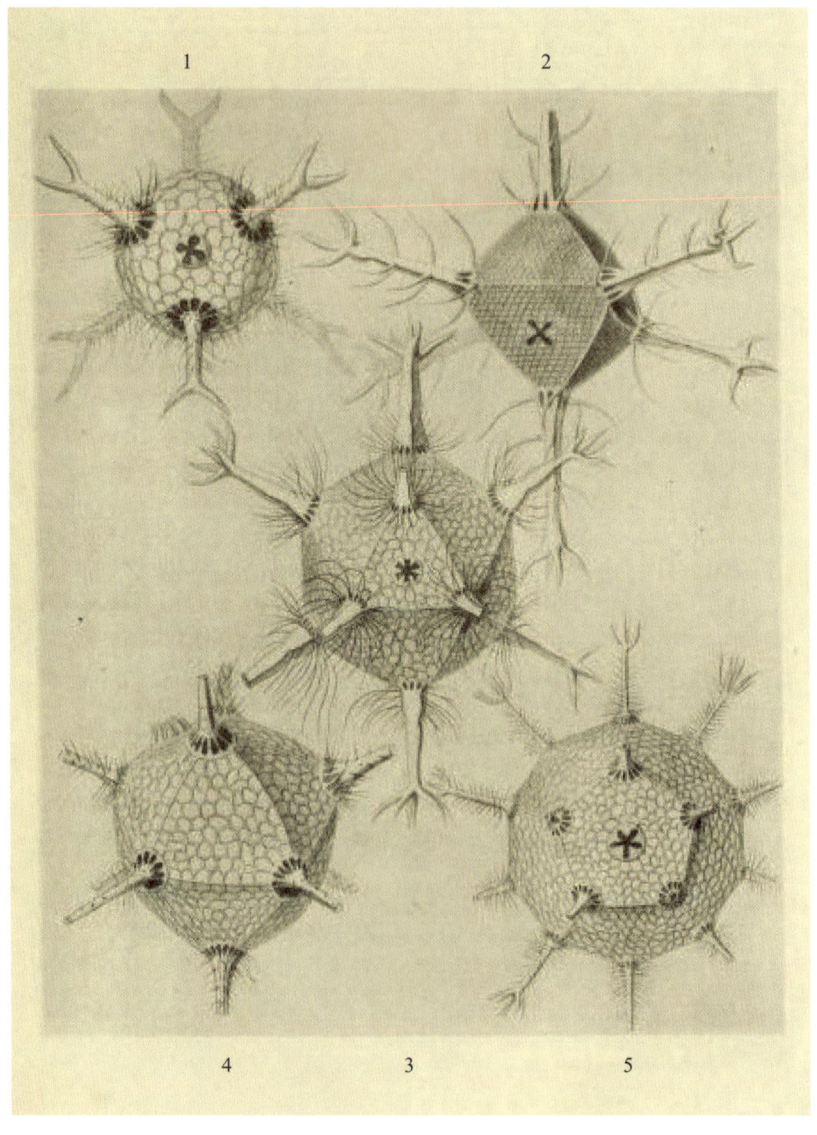

图 1-18 若干放射虫的对称骨架（采自汤普森《生长与形态》）

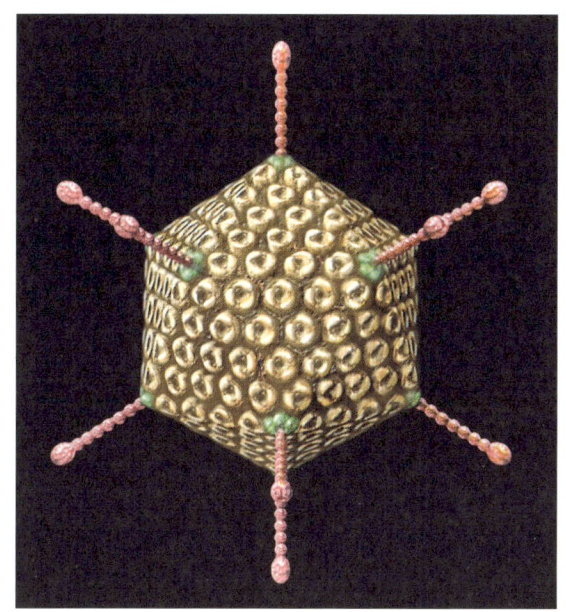

图 1-19 腺病毒结构模型

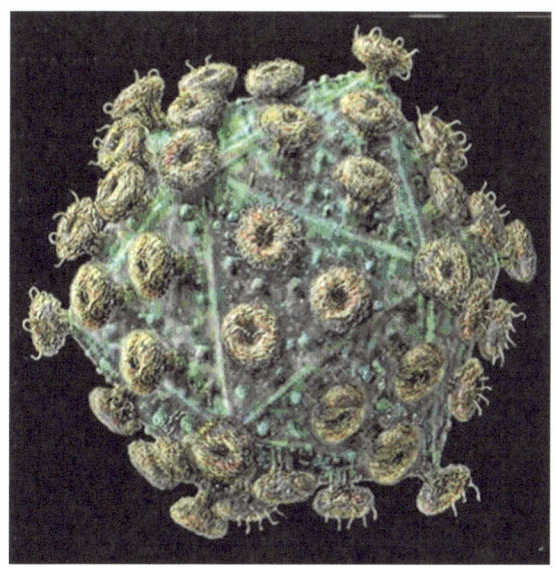

图 1-20 艾滋病毒

先是，美国芝加哥大学化学家伊顿（P. E. Eaton）于 1964 年成功合成了立方烷 $(CH)_8$；尔后，化学家们把目标转向难度更大的正四面体烷〔$(CH)_4$〕的合成，至 1978 年，至少已经有两种类似于正四面体烷的分子被成功合成。最后，经过 20 年的努力，经历无数次的失败、挫折、困惑，美国俄亥俄州立大学化学家帕凯（L. A. Paquette）的研究小组终于在 1982 年成功地合成了正十二面体烷。

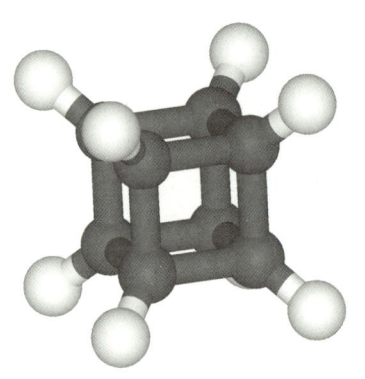
图 1-21 立方烷分子结构模型

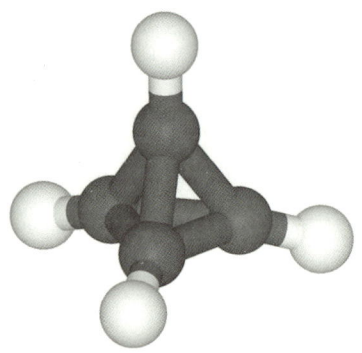
图 1-22 正四面体烷分子结构模型

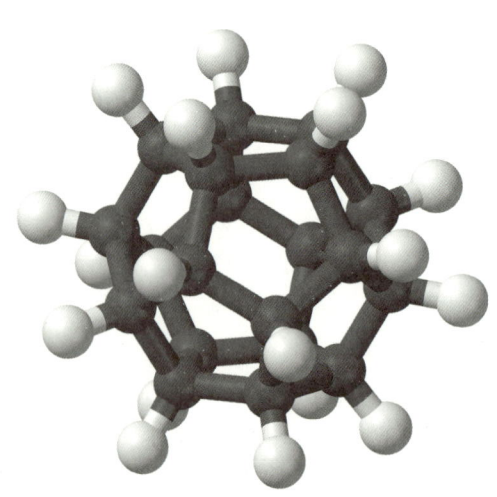
图 1-23 正十二面体烷分子结构模型

图 1-24 西班牙艺术家萨尔瓦多·达利（Salvado Dali, 1904-1989）的作品——《圣礼最后的晚餐》(1955)

被正多面体所吸引的当然不仅仅是化学家，建筑师、雕塑家、画家，甚至地球仪和日历的制作者们也都对它们感兴趣。

铁蒺藜曾经出现在第二次世界大战的战场上；而在我国三峡工程中，正四面体的截流石扮演了重要的角色。

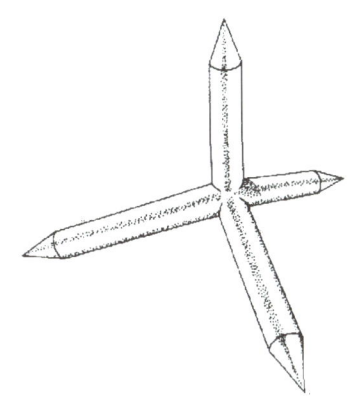

图 1-25 二战中的铁蒺藜

图 1-26　三峡工程中的正四面体截流石

从古到今，完美的柏拉图立体时时激发着人类的好奇心，并为人类所利用。我们有理由相信：它们在未来的人类文明发展旅程中仍将发挥重要的作用。

1.2　生命之线

> 这是一叶载着珍珠的小舟，
> 行驶在万里无云的汪洋。
> 这爱冒险的小舟飞驰前方，
> 在甜蜜的夏日展开紫色的翅膀。
> 她沉醉于迷人的海湾，

那里有塞壬的歌声悠扬；

碧波中的珊瑚礁熠熠生光，

美人鱼离开水府的闺房，

飘散着长长的秀发，

沐浴着暖暖的骄阳。

……………………

这是美国诗人霍姆斯（O. W. Holmes, 1809—1894）吟咏鹦鹉螺的诗句[1]。鹦鹉螺之所以如此让诗人着迷，并激发了他丰富的想象，是因为它具有独特的几何形状——一条对数螺线（或称等角螺线）。这条曲线也让物理学家着迷："当我在海边找到一个鹦鹉螺，它的美会把我迷住。"[2]

图 1-27　鹦鹉螺

1　Holmes O W. *The Poetical Works of Olive Wendell Holmes* (Vol. 2). Boston: Hough, Mifflin & Company, 1892: 107.
2　徐一鸿. 可畏的对称. 张礼, 译. 北京：清华大学出版社，2005: 4.

图 1-28　15世纪木刻画中的对数螺线（采自库克的《生命之线》）

图 1-29　菊石、鹦鹉螺和对数螺线（瑞士，1958）

对数螺线有以下重要特征：螺线的切线与相应的半径所形成的角始终保持不变；随着半径的增大，它的形状并不发生改变，故具有神奇的自相似性。其极坐标方程为 $r = ae^{\theta \cot\alpha}$，其中 α 为切线与半径的夹角。

图 1-30　对数螺线

为什么鹦鹉螺呈对数螺线的形状呢？这是因为它在生长过程中，螺壳每转过一定角度，螺身也按特定的比例发育。苏格兰博物学家达西·汤普森（D'Arcy Thompson, 1860—1948）在《生长与形态》中，专门用一章的篇幅来研究鹦鹉螺的生长规律[1]。实际上，许多贝壳动物身上都有这种曲线。此外，象鼻、羊角、鹦鹉的爪子等也都具有对数螺线形。

法布尔（J. H. Fabre, 1823—1915）观察到，圆网蛛所织的网具有如下特征：

（1）相邻辐射丝之间的夹角都相等；

（2）从一根丝到下一根丝所产生的角都相等；

图 1-31　圆网蛛的网

---

1 Thompson D'Arcy. *On Growth and Form*. Cambridge: Cambridge University Press, 1917: 493-586.

图 1-32　向日葵（中国澳门，2007）

（3）螺线位于每个扇形面内的所有各段互相平行；

（4）越接近中心，相邻两平行线之间的距离越小。

据此，法布尔断言，圆网蛛所走的路程是一条内接于对数螺线的多边形线。

许多植物也与对数螺线结下了不解之缘。向日葵、菠萝、松果、雏菊等植物花果中都有这种曲线。

图 1-33　松果（苏联，1980）

汤普森坚信，通过数学，地球上的一切动植物都能得到理解。法布尔曾经说过："几何，以及面积上的和谐，支配着一切。几何存在于松果鳞片的布置中，也存在于圆网蛛的黏胶丝上；蜗牛的螺旋上升斜线里有几何，蜘蛛网的念珠里有几何，行星轨道里也有几何；几何到处存在，不管在原子世界里还是在无限辽阔的宇宙中，几何都是非常高明的!"[1]

法国数学家笛卡儿（R. Descartes, 1596—1650）于1638年将对数螺线命名为"等角螺线"。后来，瑞士著名数学家雅各·伯努利（Jacob Bernoulli, 1654—1705）对该曲线作了深入研究。伯努

图1-34　雅各·伯努利（瑞士，1994）

利发现，对数螺线这条奇妙的曲线在经过放大、缩小等变换后仍为对数螺线；对数螺线的渐屈线和渐伸线仍为对数螺线，极点在对数螺线各点的切线仍是对数螺线，等等。一般曲线在经过这些变换后往往会变得面目全非，但对数螺线却保持形状不变，仅仅是位置有所改变而已。伯努利对此惊叹不已，最后竟在他的遗嘱里要求把对数螺线刻在自己的墓碑上，并附上一句一语双关的美妙颂词："虽作改变，但我还是原来的我!"遗憾的是，伯努利的愿望并未实现，因为刻碑者的技术不够高明，刻出来的曲线像阿基米德螺线，又像圆的渐伸线，但显然不是对数螺线，因为圈与圈之间的距离没有逐渐增大。

对于螺线的浓厚兴趣促使英国作家和艺术评论家库克（T. A. Cook, 1867—1928）撰写了《生命之线》[2]一书，专门介绍自然界和艺术中的螺线（不仅仅指对数螺线），包括藤蔓、人体、楼梯、毛利马等等。库克发现，莱昂纳多·达·芬奇（Leonardo da Vinci, 1452—1519）必定是贝壳的研究者，因为他在《丽达的头像》素描中，将丽达的头发画成对数螺线的形状。

---

[1] 法布尔. 昆虫记（卷九）. 鲁京明，梁守锵，等，译. 广州：花城出版社，2001: 101.
[2] Cook T A. *The Curves of Life*. London: Constable and Company, 1914.

图 1-35 伯努利的墓碑（底下并非对数螺线）

图 1-36 达·芬奇的素描
《丽达的头像》

图 1-37　达·芬奇的雕塑作品《大西庇阿头像》

图 1-38　恩斯特·施泰纳（Ernst Steiner）的作品——《生命之树》（奥地利，1989）

图 1-39　星云（苏联，1967）

图 1-40　英国艺术家斯图尔特（A. C. Stewart）的作品：螺线星云

大自然对对数螺线的钟爱，还远远不止体现在地球上的动植物身上。如果我们用天文望远镜来观察夏夜里的浩瀚苍穹，在满天星斗中，螺线形星云赫然在目！

1.3　蜜蜂之智

圆网蛛没有学过对数螺线，但却能织出优美的对数螺线；同样，蜜蜂也没有学过镶嵌理论，却能造出完美的蜂房！

蜜蜂在地球上已经生活了数千万年。人类养蜂的历史也非常悠久。《圣经》中说：以色列是流着牛奶和蜂蜜的土地。考古发现，早在三千多年前，以色列莱霍夫地区就已经出现蜂窝了。

古往今来，无数先哲在说起蜜蜂时，总是赞不绝口。古罗马著名诗人维吉尔（Virgil, 前70—前19）说："蜜蜂乃一束神光。"古希腊历史

图 1-41　以色列莱霍夫地区发现的三千年前的蜂窝

学家普鲁塔克（Plutarch, 46—120）说："蜜蜂乃美德之化身。"[1]

人们赞美蜜蜂的重要理由是蜂房的精巧构造。古罗马著名修辞学家昆提利安（Quintilian, 35—100）说："蜜蜂乃几何学家之首。"[2] 公元3世纪末，希腊数学家帕普斯（Pappus）在《数学汇编》第5卷序言中，首次谈到蜂房的数学原理。他写道：

> 尽管上帝赋予了人类最好的、最完美的智慧和数学的理解力，但他同时也把一部分分配给某些非理性的动物。对于赋予了理性的人类，他认为他们理所当然应该按照理性和证明来做每一件事情；但对于别的非理性动物，他只给予了这样的天赋：它们中的每一个

---

[1] Carr W. *Introduction or Early History of Bees and Honey*. Salford: J. Roberts Printer, 1880.
[2] 同上.

应该按照某种自然的考虑,去获得维持生命所必需的东西。尽管我们可以观察到许多种动物都有这种本能,但在蜜蜂身上,这种本能尤其引人注目。它们的井然秩序,它们对于管理着它们共同财富的蜂王的俯首听命,的确十分令人钦佩;但更令人钦佩的是它们采蜜时的争先恐后和一尘不染,以及保护蜂蜜的深谋远虑和良苦用心。无疑,它们相信自己身负重任,要从神那里把一份美食带给更有文化的人类,它们认为,不小心把美食倒在地上或木头上或任何其他不适宜的和不规则的材料上是不对的,它们采集地球上最甜蜜的花朵上最洁净的部分,用它们建造容器,贮藏蜂蜜。这种容器名叫蜂房,其中每一个单元都是相等的、相似的、相连的,形状为六边形。

我们可以推断:它们是按照某种几何思想来构造蜂房的。它们必定认为,所有图形(即蜂房中的单元)都必须彼此相连、并具有公共边,才能确保没有别的东西落入空隙,弄脏了它们的作品……由于绕同一点只有正三角形、正方形和正六边形这三种图形能填满空间,蜜蜂以其智慧选择了角数最多的那种,因为它们知道,这种图形比另外两种能装更多的蜜。[1]

图1-42 蜜蜂和蜂巢(以色列,1983)

---

1 Fauvel J, Gray J. *The History of Mathematics: A Reader*. Hampshire: Macmillan Education, 1987: 211-212.

古希腊毕达哥拉斯学派已经知道，能够镶嵌整个平面的正多边形只有三种：正三角形、正方形和正六边形。

图 1-43　正三角形镶嵌

图 1-44　国际象棋棋盘（正方形镶嵌）

图 1-45　一种保护树根的网罩（正六边形镶嵌，摄于北京颐和园）

图 1-46　纸蜂窝（正六边形镶嵌）是人类侵犯蜜蜂"知识产权"的明证

首先，蜜蜂没有选择圆、正五边形、正八边形等其他形状，原因显然是这些图形不能镶嵌平面，会产生缝隙，浪费了空间。

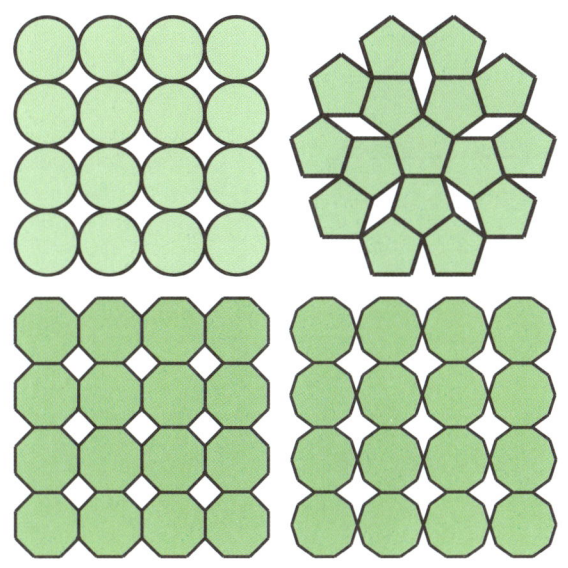

图 1-47　圆、正五边形、正八边形和正十边形不能镶嵌平面

其次，在能够镶嵌平面的三种正多边形中，蜜蜂选择了正六边形，因为在周长相等的情况下，正六边形的面积最大[1]。例如，周长为 4 的三种正多边形的面积依次为 $\dfrac{\sqrt{48}}{9}$，$\dfrac{\sqrt{81}}{9}$ 和 $\dfrac{\sqrt{108}}{9}$。蜜蜂不会做这样的计算，但它们本能地发现，正六边形是最佳的选择。

但事情远不止这么简单。我们上面只是讨论了蜂房横截面的情形。蜂房的每一个储藏室都是一个正六棱柱。这些六棱柱的背面同样有许多形状相同的单元。如果一组单元的开口朝南，那么另一组单元的开

---

[1] 从数学上说，周长相等的等边等角的平面图形中，边数越多，面积越大，面积最大的是具有相同周长的圆。

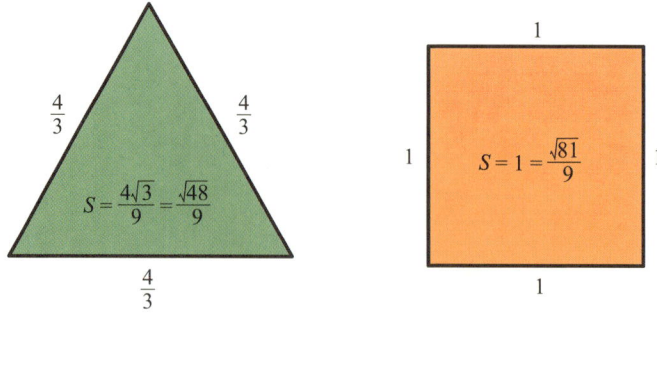

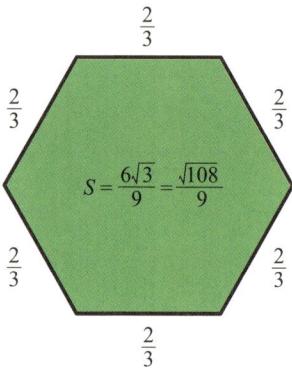

图 1-48　周长为 4 的三种正多边形面积比较

口就朝北。两组单元彼此不相通，中间用蜡板隔开。那么，这些隔板是否也是正六边形？

1712 年，法国天文学家马拉尔迪（G. F. Maraldi, 1665—1729）通过观测[1]，发现蜂房的每个单元并非正六棱柱，它的底部是由三个菱形板块构成的，如图 1-49 所示。他测得菱形的钝角为 109°28′，锐角为 70°32′。

1　Maraldi G P. Observations sur les abeilles. *Memoires de l' Academie Royale des Sciences*, 1712: 297–331.

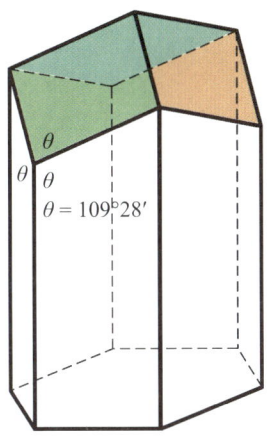

图 1-49　蜂房的一个单元

为什么蜂房会有这样奇特的构造呢？法国科学家雷奥米尔（R.-A. F. de Reaumur, 1683—1757）于 1712 年向多位数学家求教：封底菱形的内角多大时，蜂房单元的容积最大而材料最省？

德国数学家柯尼希（J. S. König, 1712—1757）于 1734 年计算得到菱形钝角为 109°26′，锐角为 70°34′，与马拉尔迪的观测值有两分的出入。

1743 年，英国著名数学家麦克劳林（C. Maclaurin, 1698—1746）利用微积分方法[1]，得到菱形钝角 109°28′16″，锐角 70°31′44″，与马拉尔迪的实测结果一致（参阅第 2.5 节），用法布尔的话说，就是"昆虫的计算结果与几何学最准确的计算结果完全相符"[2]。原来，柯尼希所用方法并没有错，但他所用的对数表却有误，从而导致计算结果与实测结果不尽一致。

1　Maclaurin C. On the bases of the cells wherein the bees deposit their honey. *Philosophical Transactions of the Royal Society*, 1743, 42: 565–571.
2　法布尔. 昆虫记（卷八）. 鲁京明，梁守锵，等，译. 广州：花城出版社，2001: 242.

运用初等数学知识，我们也能算出菱形的钝角，参阅问题研究[1-4]。

13 世纪蒙特福德（De Montfort）说："在建筑上，蜜蜂的才能超越了阿基米德。"19 世纪伟大的生物学家达尔文（C. Darwin, 1809—1882）甚至这样说："凡是考察过蜂巢的精巧构造的人，看到它如此美妙地适应它的目的，而不热烈地加以赞赏，他必定是一个愚钝的人。"[1] 当我们用数学揭开蜂房的奥秘时，我们不得不承认，先哲们所说的并不夸张。

1.4 斐氏之灵

莱昂纳多·斐波那契（Leonardo Fibonacci, 1170?—1250?）是中世纪欧洲最伟大的数学家，生于意大利当时的商业中心之一比萨，约于 1192 年随父去北非阿尔及利亚的布吉，在那里接受了很好的教育，学会了算术和印度数码；不久踏上商途，先后游历埃及、叙利亚、希腊（拜占庭）、西西里和法国南部，与各地的学者探讨数学，学到了各地的数学知识。约 1200 年，斐波那契回到比萨，此后 25 年间一直从事数学著述。斐波那契的才能引起神圣罗马帝国皇帝腓特烈二世（Friedrich Ⅱ，1194—1250）的注意。约 1225 年，他被皇帝召见，并在皇宫里参加了一场数学竞赛。约在 1240 年，鉴于斐波那契对比萨所做出的重要贡献，比萨共和国奖给他特殊年薪。主要著作有《计算之书》（1202）、《几何实践》（1220）、《花朵》（1225）、《平方数之数》（1225）等。

斐波那契在《计算之书》中提出如下问题："一对兔子，出生后第三个月可以繁殖出一对小兔子。问：一对兔子经过一年的繁殖，共有多少对兔子？"如果时间不限于一年，这个问题导致如下数列：

---

[1] 达尔文. 物种起源. 叶笃庄，等，译. 北京：商务印书馆，2010：293.

$$1,\ 1,\ 2,\ 3,\ 5,\ 8,\ 13,\ 21,\ 34,\ 55,\ 89,\ 144,\ \cdots$$

今称斐波那契数列。它有这样的特点：从第三项开始，每一项都是它前面两项的和，即

$$F_n = F_{n-1} + F_{n-2}\,(n \geqslant 3)$$

其通项公式为

$$F_n = \frac{1}{\sqrt{5}}\left[\left(\frac{1+\sqrt{5}}{2}\right)^n - \left(\frac{1-\sqrt{5}}{2}\right)^n\right]$$

图 1-50　斐波那契（多米尼加，1999）　　图 1-51　兔子问题（中国澳门，2007）

斐波那契数列有许多性质，参阅问题研究 [1-3]。

对于斐波那契而言，兔子问题不过是一个算术问题而已，他万万不会想到，后人会发现该问题所导致的数列在自然界竟是如此普遍。很多植物的花、叶都包含着这个数列。向日葵上的方向相反的两族等角螺线的数目是斐波那契数列中的两个相邻项——通常逆时针方向 21 条，顺时针方向 34 条，或逆时针方向 34 条，顺时针方向 55 条，更大的向日葵的两族螺线数则为 89 和 144。1951 年，有人甚至发现 144-233 型的向日葵。

图 1-52　向日葵（罗马尼亚，1987）

21-34 型向日葵　　　　　　　34-55 型向日葵

55-89 型向日葵　　　　　　　89-144 型向日葵

图 1-53　各种类型的向日葵

雏菊花蕊的排列也形成方向相反的两族等角螺线，大部分雏菊的逆时针方向螺线数和顺时针方向螺线数分别为 21 和 34；松果和菠萝的鳞片也有类似的规律：前者的两族螺线数目分别是 5 和 8；后者的螺线数目分别是 8 和 13，都是斐波那契数列的相邻两项。

很多花的瓣数恰为斐波那契数列的某一项。下表是各种"斐波那契"型花朵所对应的瓣数。

表 1-1　与"斐波那契数列"对应的各种花朵的花瓣数

斐波那契数列	花　名	斐波那契数列	花　名
1	马蹄莲,猪菜藤,牵牛花	8	波斯菊
2	大戟	13	山金车
3	鸢尾花,绵刺,勃莱特兰,狄萨兰	21	大滨菊,菊苣花
5	咖啡树,夹竹桃,美人树,长春花,万代兰,蝴蝶兰		

图 1-54　牵牛花（尼加拉瓜，1985）

图 1-55　大戟（2 瓣）

图 1-56　绵刺（蒙古，1979）

图 1-57　美人树（阿根廷，1982）

图 1-58　长春花（法国，2000）

图 1-59　波斯菊（朝鲜，1976）

图 1-60　山金车（波兰，1975）　　　　图 1-61　大滨菊（日本，1966）

图 1-62　菊苣花（波兰，1967）

在植物学上，一种植物的叶子在茎上的排列特征叫叶序。茎上两片相邻叶子之间的角度称为"趋异"（divergence），它刻画了植物的特征。从选定的某第一片叶子开始，往上作经过各片叶子的螺旋线，直到与选定叶子同在一条直线上的那片叶子为止。设 p 为螺旋线转过的周数，q 为螺旋线经过的叶片数（不包括第一片）。那么分数 $\frac{p}{q}$ 就刻画了叶子的趋异性。令人惊奇的是，许多植物的 p 和 q 都是斐波那契数！如表 1-2。

表 1-2　部分植物叶序与斐波那契数的关系

植　　物	螺旋线周数 p	叶片数 q	p/q
谷类，芦苇，竹	1	2	1/2
苔　草	1	3	1/3
果树（如苹果树）	2	5	2/5
车前草	3	8	3/8
韭　葱	5	13	5/13

所有这样的分数都安分守己地介于 $\frac{1}{3}$ 和 $\frac{1}{2}$ 之间，不敢越雷池一步。为什么呢？从分数序列

$$\frac{1}{2},\frac{1}{3},\frac{2}{5},\frac{3}{8},\frac{5}{13},\frac{8}{21},\frac{13}{34},\frac{21}{55}\cdots$$

中不难看出，从第三个分数开始，每一个分数的分子和分母分别是其前面两个分数的分子和分母之和。早在 15 世纪，法国数学家尼古拉斯·许凯（Nicolas Chuquet, ?—1500 ?）就在其《算学三部》（1484）中利用了如下定理：

若 $\frac{b}{a}<\frac{d}{c}$（$0<b<a, 0<d<c$），则 $\frac{b}{a}<\frac{b+d}{a+c}<\frac{d}{c}$。

利用这个定理（参阅问题研究 [1-2]）可知，从第三个分数开始，所有分数都介于 $\frac{1}{3}$ 和 $\frac{1}{2}$ 之间。这就是说，在螺旋线走过的一周内，茎上的叶子绝不会超过三片。明媚的阳光、滋润的雨露、清新的空气：叶子大家庭中的每一成员都能公平地、充分地享受自然的这些"福利"，我们人类也许只能望其项背而已。

仔细观察一种名叫珠蓍的植物，可以发现：从根部往上的分枝情况恰好符合斐波那契数列的模式，如图 1-64 所示。

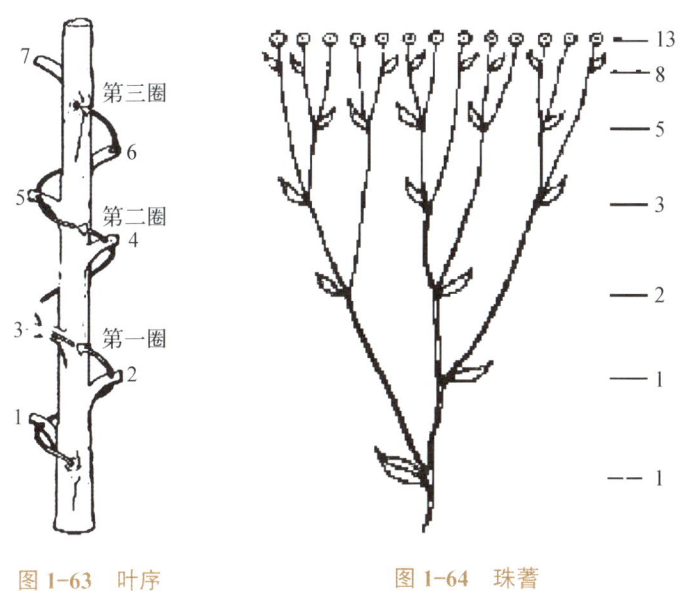

图 1-63　叶序　　　　图 1-64　珠蓍

让我们把目光转向动物界。我们知道，雄蜂（m）是由未受精的卵孵化出来的，而受了精的卵只能孵化出雌蜂（f）——蜂王或工蜂来。因此，每一只雄蜂都只有母亲而没有父亲，根据这一事实，我们可以绘出雄蜂的谱系：每一只雄峰的上一代、再上一代……各代雄蜂、雌蜂以及雌雄蜂总数均构成斐波那契数列！

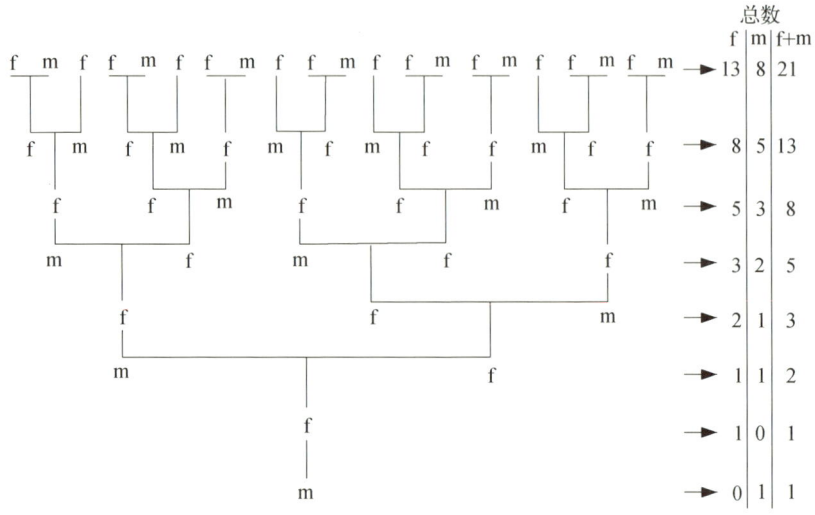

图 1-65　雄蜂谱系

满足斐波那契数列性质、但最初两项不是 1、1 的数列（亦称卢卡斯数列）也有着奇妙的应用。天文学家发现，日、月食每隔 6、41、47、88、135、223、358 年重复出现某种相同的模式。请注意，这些年数构成了卢卡斯数列！

斐波那契数列揭示了自然界中的增长模式。意大利艺术家梅茨（M. Merz, 1925—2003）可谓三十年"情系"斐波那契数列。他把这个数列用于装饰法国巴黎的圣路易斯大教堂、意大利都灵国家电影博物馆大楼穹顶（1984）、德国乌纳国际光艺术中心、芬兰图尔库一家核电厂的烟囱（1994）。

20 世纪 60 年代，数学家们对斐波那契数列和有关现象的兴趣达到了一个高峰，不但成立了斐波那契学会，而且还创办了《斐波那契季刊》，专门发表与斐波那契数列相关的研究成果。只要你的心中有数，随处可见斐波那契数列：它在姹紫嫣红的花丛里，它在葳蕤葱茏的草

图 1-66 澳大利亚雕塑家安德鲁·罗杰斯（Andrew Rogers）的雕塑作品——斐波那契数列（耶路撒冷）

图 1-67　都灵国家电影博物馆

图 1-68 图尔库核电厂的烟囱

木间,它在一个八度音之间的钢琴琴键上,它甚至还出现在古罗马诗人维吉尔的作品中!

问题研究

1-1. 证明:正多面体只有五种。

1-2. 证明:若 $\dfrac{b}{a} < \dfrac{d}{c}$ ($0<b<a, 0<d<c$),则 $\dfrac{b}{a} < \dfrac{b+d}{a+c} < \dfrac{d}{c}$。

1-3. 研究斐波那契数列的性质。

(1) 1843 年,法国数学家比内(J. P. M. Binet, 1786—1856)发表了斐波那契数列的通项公式

$$F_n = \frac{1}{\sqrt{5}}\left[\left(\frac{1+\sqrt{5}}{2}\right)^n - \left(\frac{1-\sqrt{5}}{2}\right)^n\right]$$

18 世纪数学家欧拉和棣莫佛(A. De Moivre, 1667—1754)也已知道该公式。试证明该公式。

(2) 观察数列 0.01,0.001,0.0002,0.00003,0.000005,0.0000008,0.00000013,0.000000021,…。求通项,并求数列的和。

(3) 人们在《几何原本》16 世纪抄本的注释中发现了斐波那契数列的重要性质:

$$\lim_{n\to\infty}\frac{u_{n+1}}{u_n} = \frac{\sqrt{5}+1}{2}$$

后来,它相继为德国数学家开普勒、荷兰数学家吉拉尔(A. Girard, 1595—1632)和苏格兰数学家西姆森(R. Simson, 1687—1768)所知。试证明该性质。

(4) 开普勒发现了斐波那契数列的另一性质:$u_{n-1} \cdot u_{n+1} = u_n^2 + (-1)^n$,$n \geqslant 2$。试证明该性质。

（5）证明：从第三项起，斐波那契数列任意相邻两项是互质的。

（6）观察下列等式：

$1+1=3-1,$

$1+1+2=5-1,$

$1+1+2+3+5=13-1,$

$1+1+2+3+5+8=21-1,$

$1+1+2+3+5+8+13=34-1,$

……………………………

你能得到斐波那契数列的什么性质？证明你的结论。

1-4. 如图1-49，设蜂房单元的底面正六边形边长为 a，长棱为 b，长、短棱之差为 x，则其表面积为 $f(x)=6ab+\dfrac{3\sqrt{3}a}{2}\sqrt{a^2+4x^2}-3ax$。

（1）设 $x=\dfrac{1}{2}\left(t-\dfrac{a^2}{4t}\right)\left(t\geqslant\dfrac{a}{2}\right)$，试用 t 来表示蜂房单元表面积函数。

t 取何值时，函数取得最小值？求出最小值。

（2）用判别式法求函数 $y=\dfrac{\sqrt{3}}{2}\sqrt{a^2+4x^2}-x$ 的最小值。

1-5. 解斐波那契《计算之书》中的问题。

（1）狮子在4小时内吃掉一只羊。豹子5小时，熊6小时。问：把一只羊扔给它们，几小时内吃尽？

（2）今有水缸装满水，下有四孔。用第一个孔排水，1日排完；用第二个孔排水，2日排完；用第三个孔排水，3日排完；用第四个孔排水，4日排完；若将四个孔同时打开，则缸中的水经过多长时间可排完？

（3）一人经过7座大门进入果园，摘苹果若干。当他离开果园时，他把一半苹果加上1个苹果给了第一个门卫；把剩下的一半加上一个给了第二个门卫；依次把剩下的苹果分给其他五个门卫。当他离开果园时，只剩下了1个苹果。问：此人在果园摘了多少个苹果？

（4）一人临终前对他的长子说，你们之间这样来分我的可动财产：你拿1个金币和余下财产的$\frac{1}{7}$；又对次子说，你拿2个金币和余下财产的$\frac{1}{7}$；又命第三个儿子拿3个金币和余下财产的$\frac{1}{7}$。这样依次分下去，他给每个儿子比前一个儿子多一个金币以及余下财产的$\frac{1}{7}$。把剩余的最后一份财产分给最小的儿子后，恰好不再有剩余。结果，每个儿子所得恰好一样多。问：此人有几个儿子，有多少财产？

（5）三人把各自的钱放在一起，各人的钱数分别是总数的$\frac{1}{2}$，$\frac{1}{3}$和$\frac{1}{6}$。每人从中取钱若干，使无剩余。第一人拿出所取的$\frac{1}{2}$，第二人拿出所取的$\frac{1}{3}$，第三人拿出所取的$\frac{1}{6}$。将三人拿出的总数平分，结果每人所得的钱数恰好是原有钱数。问：三人共有多少钱？从中取钱各多少？

（6）四人各有钱若干，他们找到一个钱包，内有钱若干；若第一人拥有钱包中的钱，则他的钱将是另三人的3倍；若第二人拥有钱包中的钱，则他的钱将是另三人的4倍；若第三人拥有钱包中的钱，则他的钱将是另三人的5倍；若第四人拥有钱包中的钱，则他的钱将是另三人的6倍。问四人各有多少钱，钱包中又有多少钱？

（7）三人买马，各有钱币若干。第一人的钱币加上第二人钱币的$\frac{1}{3}$，第二人的钱币加上第三人钱币的$\frac{1}{4}$，第三人的钱币加上第一人钱币的$\frac{1}{5}$，各等于马的价钱。求马价与各人所有的钱币。

（8）五人买马，各有钱币若干。第一、二、三人的钱币加上第四人钱币的 $\frac{1}{4}$，第二、三、四人的钱币加上第五人钱币的 $\frac{1}{5}$，第三、四、五人的钱币加上第一人钱币的 $\frac{1}{6}$，第四、五、一人的钱币加上第二人钱币的 $\frac{1}{7}$，第五、一、二人的钱币加上第三人钱币的 $\frac{1}{8}$，各等于马的价钱。求马价与各人所有的钱币。

（9）七人买马，各有钱币若干。第一、二、三人的钱币加上另外四人钱币的 $\frac{1}{2}$，第二、三、四人的钱币加上另外四人钱币的 $\frac{1}{3}$，第三、四、五人的钱币加上另外四人钱币的 $\frac{1}{4}$，第四、五、六人的钱币加上另外四人钱币的 $\frac{1}{5}$，第五、六、七人的钱币加上另外四人钱币的 $\frac{1}{6}$，第六、七、一人的钱币加上另外四人钱币的 $\frac{1}{7}$，第七、一、二人的钱币加上另外四人钱币的 $\frac{1}{8}$，各等于马的价钱。求马价与各人所有的钱币。

（10）7个老人去罗马，每人有7匹骡子，每匹骡子负7个袋子，每只袋子装7块面包，每块面包有7把刀，每把刀有7个鞘。求总数。

（11）某人经商，共有四种秤砣，可用来称 1～40 之间的所有整数磅。求每种秤砣的重量。[后人称之为"巴歇（Bachet）秤砣问题"。]

1-6. 14 世纪印度数学家纳拉亚纳（Nārāyana）提出如下问题：母牛每年生一头小牛。小牛长到 3 岁后，又可以生自己的小牛。博学的人啊，请告诉我，一头母牛经过 20 年的繁殖，共有几头牛？

第 2 讲

文明足迹

数学史是人类文化史的核心。

——萨顿

2.1 百牛之祭

真理：她的标志是永恒
一旦愚昧的世界见到她的光芒
毕达哥拉斯定理今天依然正确
犹如初次被传授给兄弟会一样

女神们以这束光芒相馈赠
毕达哥拉斯回祭一份厚礼
一百头牛，烤熟切片
表达对她们的无限感激

从那一天起，当它们猜测

一个新的真理会被揭去面纱

在那恶魔似的围栏里

一阵阵哀鸣立即爆发

无力阻挡真理发现者的暴行

毕达哥拉斯让它们永不安宁

它们瑟瑟颤抖着

绝望地闭上了眼睛

据说,这首诗的作者是海涅(H. Heine, 1797—1856)[1]。传说中,公元前6世纪,古希腊毕达哥拉斯学派为庆祝一个定理的发现而宰杀百牛以祭祀缪斯女神。同情弱者的诗人向世人诉说牛的不幸,控诉残忍的屠夫。

那么,到底是什么定理,竟让牛和数学家结下了千古仇怨呢?

这便是西方以毕达哥拉斯(Pythagoras)来命名的定理:直角三角形斜边上的正方形面积等于两条直角边上正方形面积之和。

图2-1　毕达哥拉斯定理（希腊，1955）　　图2-2　唐老鸭漫游数学奇境,并邂逅毕达哥拉斯学派（塞拉利昂，1984）

---

1 参阅 Taussky O. From Pythagoras' theorem via sums of squares to celestial mechanics. *The Mathematical Intelligencer*, 1998, **10**(1): 52–55.

毕达哥拉斯是如何发现勾股定理的？数学史家们作了一些推测，其中最可信的一种如图 2-3 所示。这种方法目前是世界各国数学教材采用最多的方法。

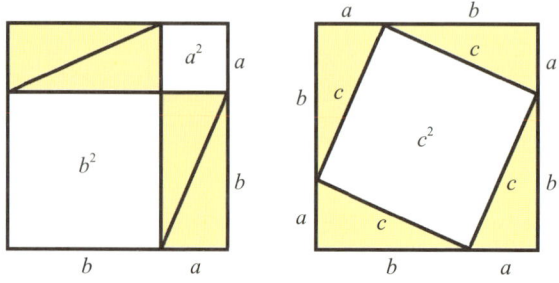

图 2-3　毕达哥拉斯定理的证明

图 2-4　拉斐尔作品《雅典学派》中的毕达哥拉斯（塞拉利昂，1983）

图 2-5　萨摩斯岛上的毕达哥拉斯塑像

莫道君行早，更有早行人。在大英博物馆所藏数学泥版 BM 96957（前 1800—前 1600）上，记载着如下问题：

[一扇门] 宽 10 尺，高 40 尺，问对角线长几何。

[一扇门] 高 40 尺，对角线 41 尺，问宽几何。

[一扇门] 宽 10 尺，对角线 41 尺，问高几何。

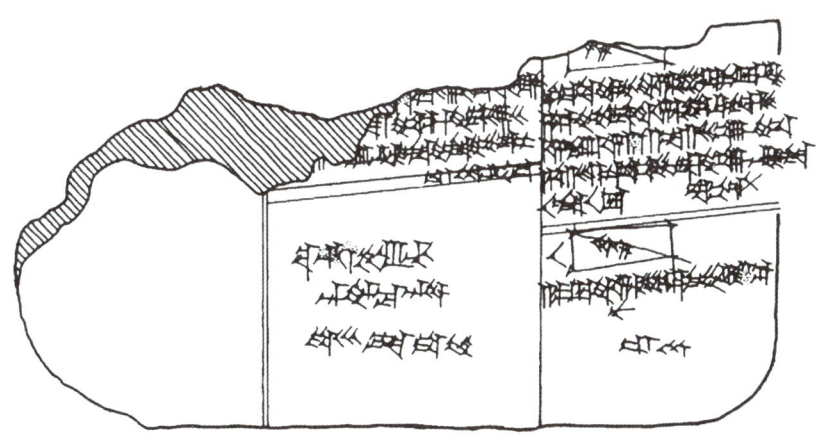

图 2-6　数学泥版 BM 96957

这是已知直角三角形三边之二，求第三边的问题。

同一博物馆所收藏的另一块数学泥版 BM 85194（前 1800—前 1600）上，有这样的问题：已知圆周长为 60 尺（直径为 20 尺），弦所在弓形的高为 2 尺。求弦长。此为已知直角三角形的股和弦，求勾的问题。

而在 BM 85196（前 1800—前 1600）上，我们看到这样的问题："长 30 尺的竿子靠墙直立，当上端沿墙下移 6 尺时，下端离墙移动多远？"亦为已知股和弦，求勾的问题。

属于同一时期的另一块泥版 TMS1 上则有："已知三角形三边分别为 50、50 和 60，求外接圆半径。"相当于已知直角三角形的勾弦之和与股，求弦。

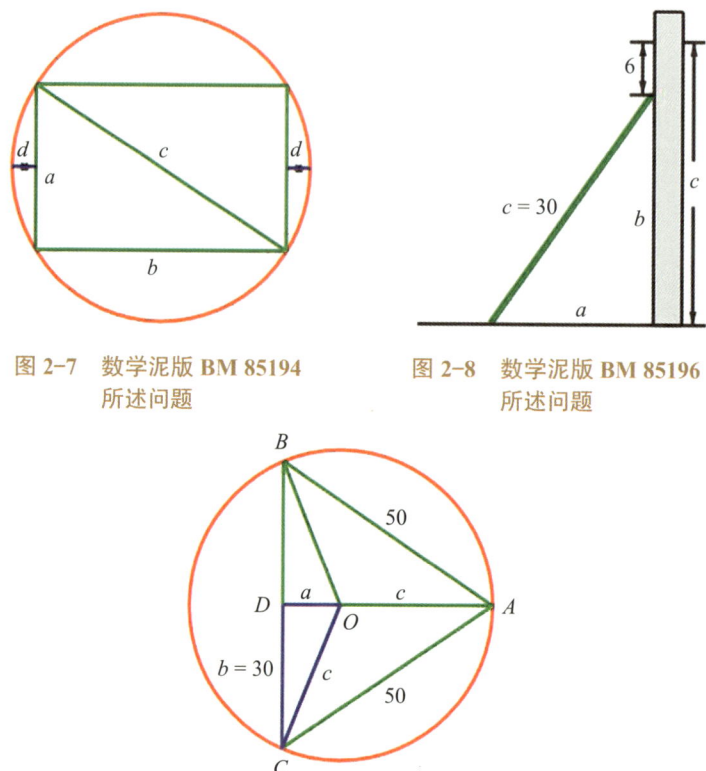

图 2-7 数学泥版 BM 85194 所述问题

图 2-8 数学泥版 BM 85196 所述问题

图 2-9 数学泥版 TMS 1 所述问题

这些问题都说明,早在古巴比伦时期(前 1800—前 1600),两河流域的祭司们已经十分熟悉勾股定理了。勾股定理并非毕达哥拉斯学派最早发现的。

在迄今发现的共约 300 块巴比伦数学泥版中,最让我们感兴趣的莫过于美国哥伦比亚大学所藏普林普顿 322 号(Plimpton 322)泥版了。泥版上有 15 行、4 列数字(见表 2-1,表中数字已换算成十进制),原来人们还以为它只是一份账目。但是,奥地利著名数学史家诺伊格鲍尔(O. Neugebauer, 1899—1990)经过潜心研究惊奇地发现:第 3 列数与第 2 列数的平方差竟都是平方数!例如:

图 2-10　普林普顿 322 号泥版（哥伦比亚大学藏）

$$169^2 - 119^2 = 120^2\ (\text{第 1 行}),$$

$$18541^2 - 12709^2 = 13500^2\ (\text{第 4 行}),$$

等等。有四处不满足这一规律，但人们相信这是祭司抄写错误所致。这就表明，它是一张勾股数表。表中我们在错误的数字之后加了正确数字。

表 2-1　普林普顿 322 号泥版上的勾股数（十进制）

$(c/b)^2$	a	c	序　号
1.98340278	119	169	1
1.94915855	3367	11521 [4825]	2
1.91880213	4601	6649	3
1.88624791	12709	18541	4
1.81500772	65	97	5
1.78519290	319	481	6
1.71998368	2291	3541	7

续 表

(c/b)²	a	c	序　号
1.69270942	799	1249	8
1.64266944	541 [481]	769	9
1.58212257	4961	8161	10
1.56250000	45	75	11
1.48941684	1679	2929	12
1.45001736	25921 [161]	289	13
1.43023882	1771	3229	14
1.38716049	56	53 [106]	15

今天，让我们一口气说出十组勾股数恐怕并非易事，古代巴比伦祭司是如何获得这些勾股数的？那么大的数字，不可能单凭记忆。我们有足够的理由相信，祭司们手头已经有了勾股数公式：

$$a = p^2 - q^2, b = 2pq, c = p^2 + q^2$$

相应的 p 和 q 见表 2-2。

表 2-2　对普林普顿泥版的部分补充

序　号	p	q	$a = p^2-q^2$	$b = 2pq$	$c = p^2+q^2$
1	12	5	119	120	169
2	64	27	3367	3456	4825
3	75	32	4601	4800	6649
4	125	54	12709	13500	18541
5	9	4	65	72	97
6	20	9	319	360	481
7	54	25	2291	2700	3541

续　表

序　号	p	q	$a=p^2-q^2$	$b=2pq$	$c=p^2+q^2$
8	32	15	799	960	1249
9	25	12	481	600	769
10	81	40	4961	6480	8161
11	—	—	45	60	75
12	48	25	1679	2400	2929
13	15	8	161	240	289
14	50	27	1771	2700	3229
15	9	5	56	90	106

英国数学家齐曼（C. Zeeman, 1925—2016）指出，如果巴比伦人使用了勾股数一般公式，那么，满足 $q \leqslant 60$，$31° \leqslant A \leqslant 45°$ 且 $\cot^2 A = \dfrac{b^2}{a^2}$（$A$ 是勾 a 所对的角）为有限小数的勾股数只有 16 组。而普林普顿 322 号泥版包含了其中的 15 组！古巴比伦祭司数学水平之高，令人惊叹。

欧几里得《几何原本》第一卷命题 47 即为勾股定理。欧几里得的证明如下：

$$\left.\begin{array}{l}\triangle ABF \cong \triangle ADC \\ \text{正方形 } CF = 2\triangle ABF \\ \text{矩形 } AL = 2\triangle ADC\end{array}\right\}$$

$$\Rightarrow \left.\begin{array}{l}\text{正方形 } CF = \text{矩形 } AL \\ \text{正方形 } CK = \text{矩形 } BL\end{array}\right\}$$

$$\Rightarrow \text{正方形 } CF + \text{正方形 } CK$$

正方形 AE

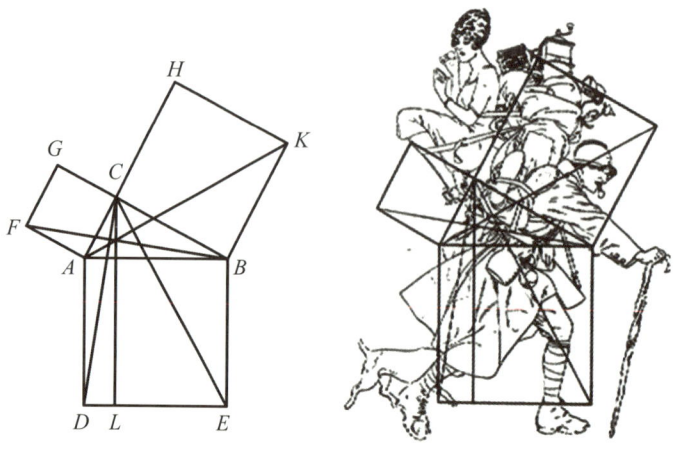

图 2-11　欧几里得对勾股定理的证明——"新娘的座椅"

希腊人将勾股定理称为"结婚妇女的定理";法国人称之为"驴桥定理";阿拉伯人称之为"新娘之图"或"新娘之座椅";印度数学家婆什迦罗(Bhāskara,1114—1185)称之为"小巧结婚妇女的轻便马车";欧洲后来又有人称之为"孔雀的尾巴"或"大风车"。

17世纪英国哲学家霍布斯(T. Hobbes, 1588—1679)偶然在一位绅士的图书室里看到欧几里得《几何原本》打开着,正好在毕达哥拉斯定理那页上。他读了这个命题。"天啊,"他说,"这是不可能的!"于是他逐字逐句阅读了后面的证明。可是,证明用到了前面的一个命题,于是他只好又读了这个命题。而那个命题又用到前面另一个命题,他又读了这个命题。最后他终于读完毕达哥拉斯定理的整个证明以及所用到的所有命题,终于对它深信不

图 2-12　霍布斯

疑。从此，他对几何学产生了浓厚的兴趣。[1] 后来，他成了数学家。

邂逅《几何原本》那一年，霍布斯已经四十岁了。同时代有很多人都感到惋惜：如果霍布斯能早一点开始学数学，那么他对数学的发展一定能做出很大的贡献。

在中国，《周髀算经》（公元前 2 世纪）上卷开篇写道：

> 昔者周公问于商高曰：窃闻乎大夫善数也，请问数安从出？商高曰：数之法出于圆方，圆出于方，方出于矩，矩出于九九八十一。故折矩以为勾广三，股修四，径隅五。既方其外，半之一矩。环而共盘，得成三、四、五。两矩共长二十有五，是谓积矩。故禹之所以治天下者，此数之所生也。

这段文字包含了勾股定理的特例：$3^2 + 4^2 = 5^2$。而陈子在回答荣方问题时说："若求斜至日者，以日下为勾，日高为股，勾股各自乘，并而开方除之，得斜至日。"说的是用一般情形的勾股定理来求地面上物体与太阳之间的距离。有学者认为上引商高的话中已经隐含了对勾股定理的一般证明[2]，但尚需进一步探讨。

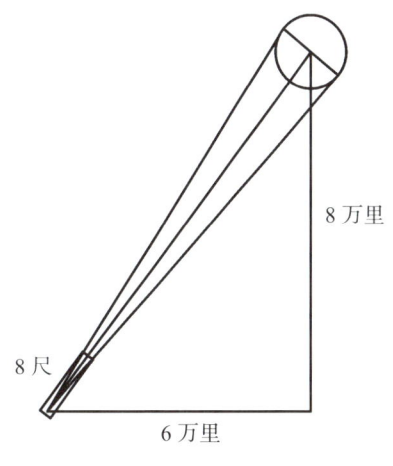

图 2-13 人日距离的测量

三国时代平民数学家赵爽不仅给出了勾股定理的一般证明，而且

---

1 Aubrey J. A Brief Life of Thomas Hobbes, 1588-1679. http://oregonstate.edu/instruct/phl302/texts/hobbes/ hobbes_life.html.
2 刘钝. 大哉言数. 沈阳：辽宁教育出版社，1993：389-390.

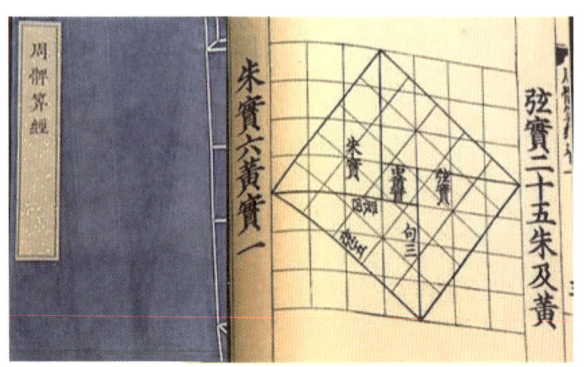

图 2-14 赵爽注《周髀算经》时给出的弦图

对围绕该定理的勾股理论进行了系统的研究和总结。赵爽在他的"勾股圆方图注"[1]中写道：

> 勾、股各自乘，并之为弦实。开方除之，即弦。按弦图，又可以勾、股相乘为朱实二，倍之，为朱实四。以勾股之差自相乘，为中黄实。加差实，亦成弦实。

这里讲的就是勾股定理及其证明。如图 2-15 所示。将相同的四个深色勾股形和一个边长为勾股之差的浅色正方形拼合成两个分别以勾和股为边长的正方形。然后移动其中两个勾股形，将原图另拼为以弦为边长的正方形。由于前后两图面积不变，因此勾股定理得到了证明。

《九章算术》勾股术曰："勾股各自乘，并，而开方除之，即弦。"刘徽用出入相补原理对定理作出证明（图 2-16）。

清初大数学家梅文鼎（1633—1721）对勾股定理作出了如图 2-17 所示的动态证明。

---

[1]《周髀算经》卷上. 见：郭书春主编，中国科学技术典籍通汇·数学卷(一). 郑州：河南教育出版社，1994：11-12.

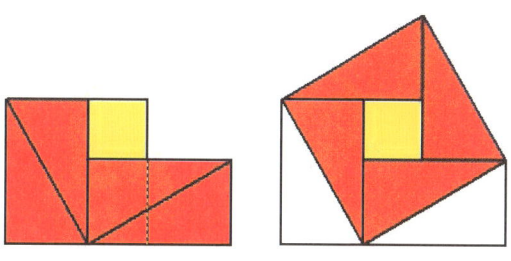

图 2-15　赵爽对勾股定理的证明

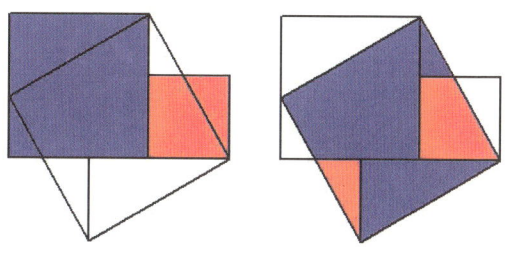

图 2-16　刘徽对勾股定理的证明（清李锐复原）

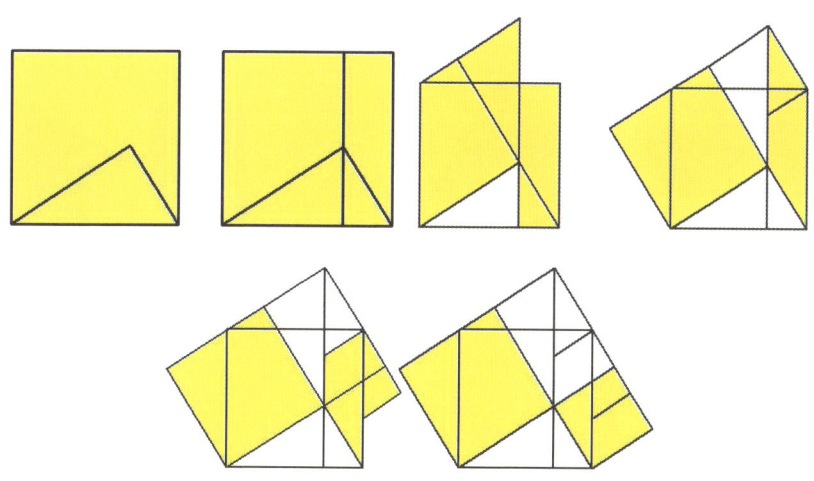

图 2-17　梅文鼎对勾股定理的证明

晚清数学家华蘅芳（1833—1902）在少年时代给出了 22 种证明，令人惊叹！

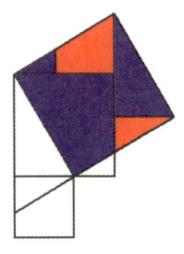

华蘅芳的证明（之一）　　　　　华蘅芳的证明（之二）

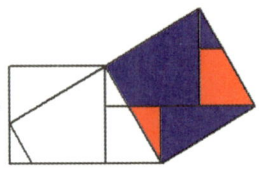　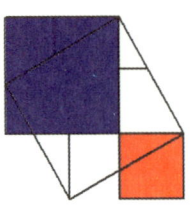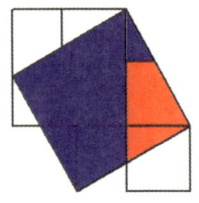

华蘅芳的证明（之三）　　　　　华蘅芳的证明（之四）

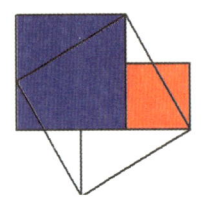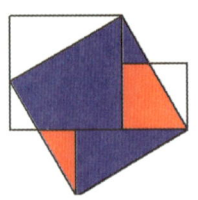　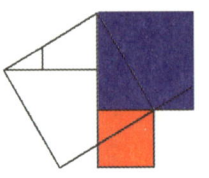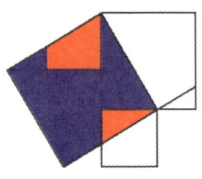

华蘅芳的证明（之五*）　　　　　华蘅芳的证明（之六）
* 与刘徽的证法相同。

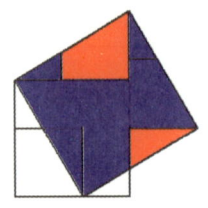　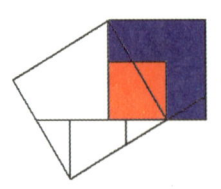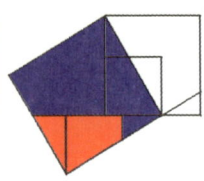

华蘅芳的证明（之七）　　　　　华蘅芳的证明（之八）

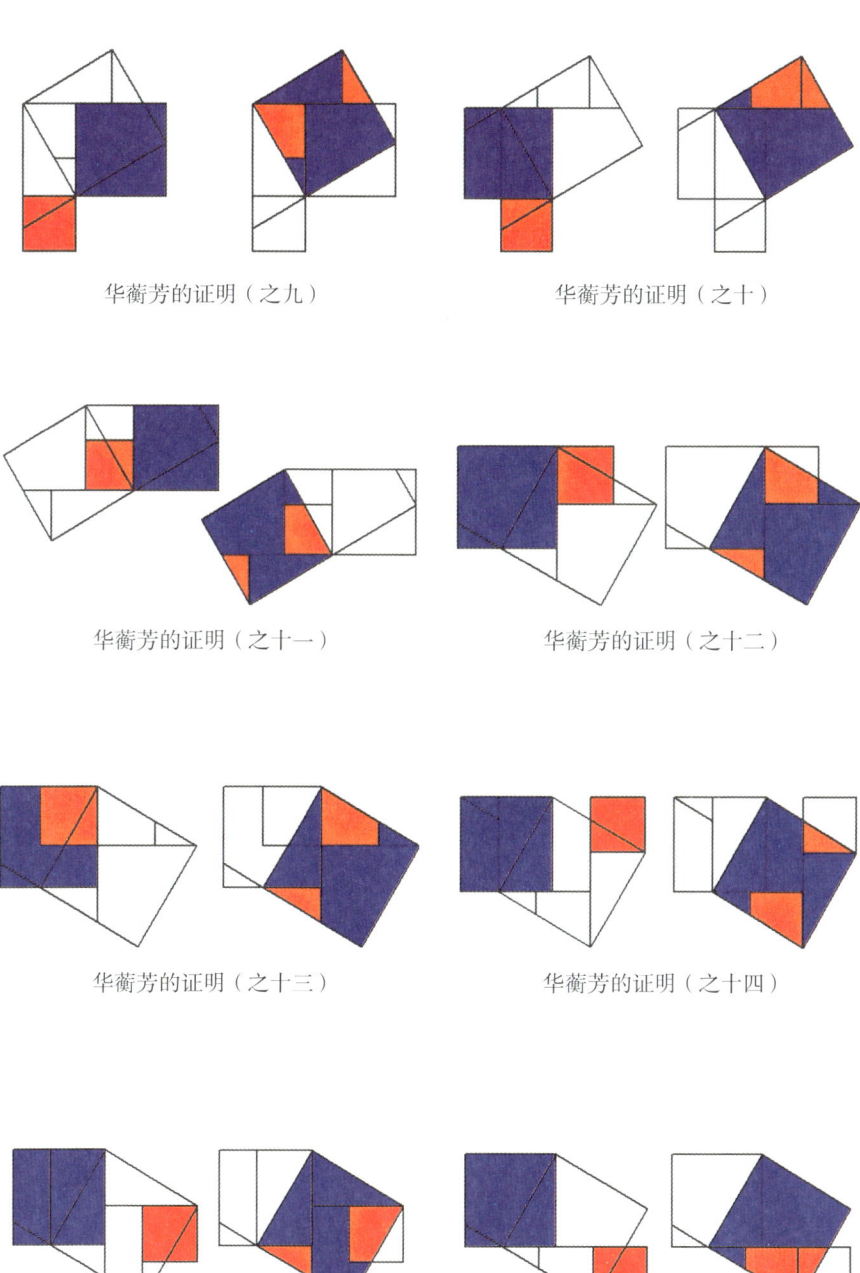

华蘅芳的证明(之九) 华蘅芳的证明(之十)

华蘅芳的证明(之十一) 华蘅芳的证明(之十二)

华蘅芳的证明(之十三) 华蘅芳的证明(之十四)

华蘅芳的证明(之十五) 华蘅芳的证明(之十六)

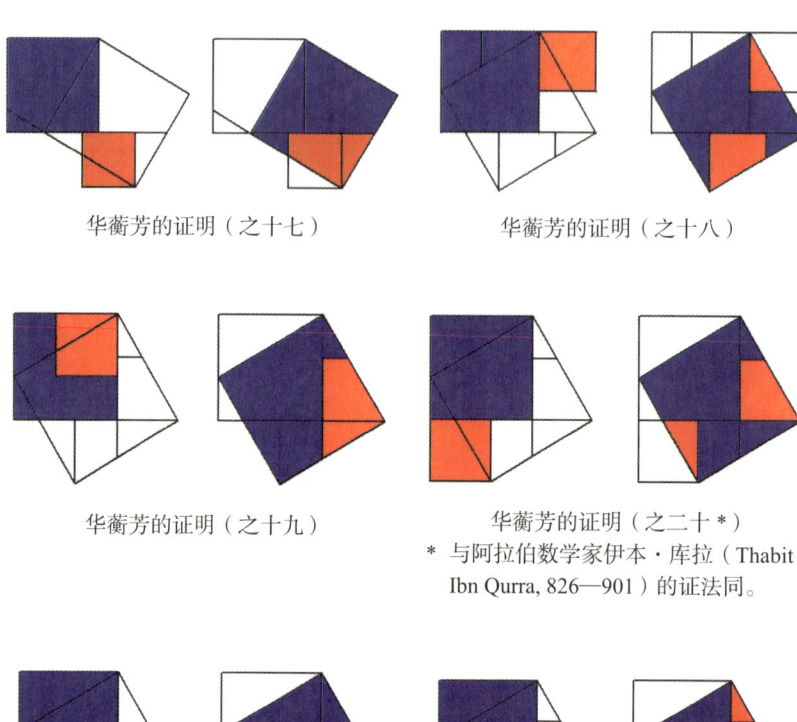

华蘅芳的证明（之十七）　　华蘅芳的证明（之十八）

华蘅芳的证明（之十九）　　华蘅芳的证明（之二十*）
* 与阿拉伯数学家伊本·库拉（Thabit Ibn Qurra, 826—901）的证法同。

华蘅芳的证明（之二十一）　　华蘅芳的证明（之二十二）

图 2-18　华蘅芳对勾股定理的证明

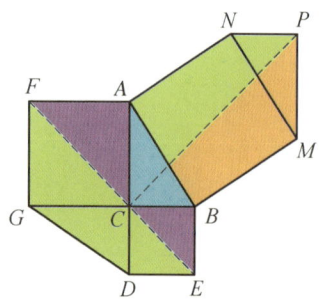

图 2-19　达·芬奇对勾股定理的证明

时光流逝，斗转星移，可是人们对勾股定理的兴趣却不曾改变。文艺复兴时期著名艺术大师达·芬奇利用图 2-19 中的四边形 *ACPN*、*MPCB*、*AFEB* 和 *GFED* 两两全等，轻而易举地证明了这个定理。

在英国伦敦东部地区，有一

座教堂，教堂边有一块墓地，墓地里有一块墓碑，墓碑上刻着勾股定理的一种证明。长眠于地下的是一位名叫伯里加尔（H. Perigal, 1801—1898）的牧师。临终的时候，他嘱咐儿子把他发现的勾股定理的证明——今称"水车翼轮法"——刻在他的墓碑上。一位牧师，年近百岁，回首一生，唯有勾股定理让他割舍不下。没有比这更能说明数学的无穷魅力了。

图 2-20　伯里加尔

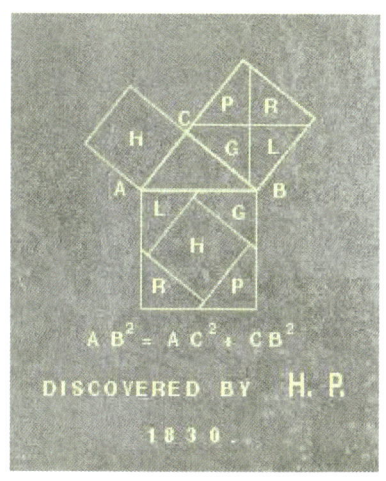

图 2-21　伯里加尔的墓碑

伯里加尔的证明见图 2-22。

图 2-22　伯里加尔的水车翼轮法

图 2-23 17 世纪油画上的勾股定理

毕达哥拉斯定理的证明方法至今已多达近 400 种。其中有不同时空数学家的贡献,也有艺术家和政治家的神来之笔;有中学生的奇思妙想,还包含了一位盲童的聪明才智。

图 2-24 美国总统加菲尔德(美国,1922)

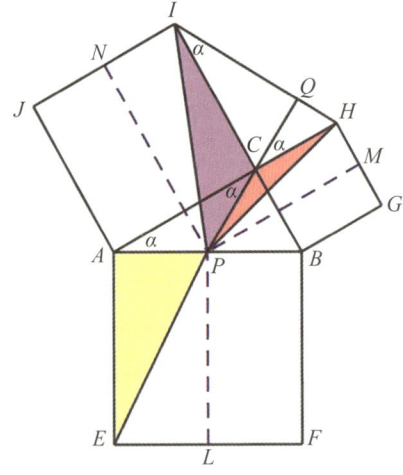

图 2-25 美国 16 岁女中学生安妮·康蒂(Ann Condit)的证明,图中 PC 是直角三角形 ABC 斜边 AB 上的中线

伟大的物理学家爱因斯坦(A. Einstein,1879—1955)12 岁时,一位名叫雅可比的叔叔给他讲了毕达哥拉斯定理。经过一番努力后,爱

因斯坦利用三角形的相似性证明了定理[1]。成功的体验使他对几何学产生了特别的兴趣,以致在获得一本几何小书之后爱不释手,并亲切地称之为"神圣的几何小书"[2]。

勾股定理,这一古老的几何定理,让我们看到了源远流长的数学历史、绚丽多姿的数学文化、精彩纷呈的数学人生!

2.2 隔岸量河

在古代埃及和巴比伦,新庙址的测量乃是按严格的几何和天文方法进行的,而且是法老和僧侣阶级的特权。在埃及神话里,有专门掌管测量的女神。一些测量工具和基本的几何图形,往往成了神圣的符号而被人们用作护身符。图 2-26 是埃及古墓中出土的形如测量工具的护身符[3],其中第二种显然是测水准的工具。

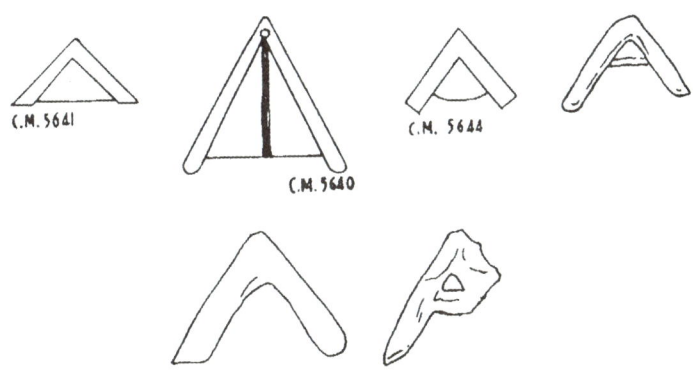

图 2-26　出土的古埃及护身符

1　爱因斯坦. 爱因斯坦自述. 富强, 译. 北京: 新世界出版社, 2012: 5.
2　Maor E. *The Pythagorean Theorem: A 4000-year History*. Princeton: Princeton University Press, 2007: 117.
3　Schreiber P. Art and architecture. In: Grattan-Guinness I (ed.), *Companion Encyclopedia of the History and Philosophy of Mathematical Sciences*. London: Rourledge, 1994: 1594-1595.

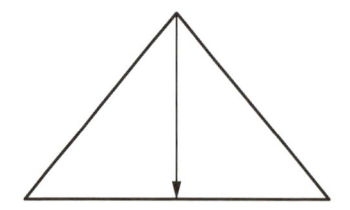

图 2-27 古埃及水准仪的几何图示

古代的水准仪由一个等腰三角形以及悬挂在顶点处的铅垂线组成，如图 2-27 所示。测量时，调整底边的位置，如果铅垂线经过底边中点，就表明底边垂直于铅垂线，即底边是水平的。这就是"边边边"定理的应用。我们有理由相信，埃及人在建造金字塔时必用到这种测量工具。

且看图 2-28 中的古罗马墓碑。我们不认识墓碑上刻着的名字，不知道长眠于地下的人生前经历了怎样的跌宕人生，但从墓碑顶上的等腰三角形和中间的铅垂，我们立刻可以断定他是一位土地丈量员。我们可以设想，那简单的等腰三角形曾经是他每天随身携带的工具。也许，他并不精通数学，但是，他每天却在使用着全等三角形定理。

图 2-28 古罗马墓碑

在文艺复兴时代，这种测量工具仍被广泛地使用着。17 世纪意大利数学家博默多罗（Pomodoro）的《实用几何》一书中的插图（图 2-29）告诉我们，那个时代的测量员正是利用水准仪来测量山的高度。

爱奥尼亚学派的创立者泰勒斯（Thales，前 640—前 546）是著名的古希腊"七贤"之一，被誉为希腊几何学的鼻祖。他生于米利都，青年时代曾游历埃及，测量过金字塔的高度。他发现了许多几何命题：

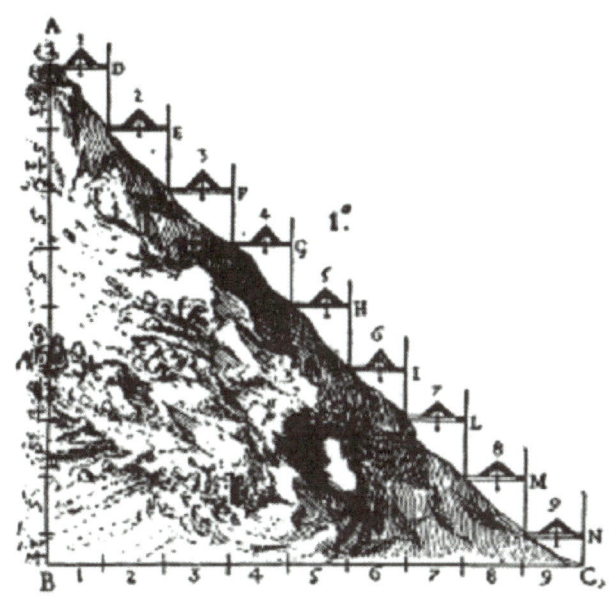

图 2-29 山高的测量

对顶角相等；

圆为直径所平分；

等腰三角形底角相等；

角边角定理；

半圆上的圆周角为直角；

相似三角形对应边成比例。

泰勒斯最早将几何学引入

图 2-30 泰勒斯（希腊，1994）

希腊，并将其变为一门依赖一般命题的演绎科学。泰勒斯也是一位天文学家，曾预言公元前 585 年 5 月 28 日的一次日食。泰勒斯勤于天文观测，据说一天晚上边走边仰观星象，不幸掉进阴沟里，他的奴隶揶揄："先生，你连地上的路都没看清楚，又怎能看清天上的星星呢？"传说，泰勒斯曾利用天文知识，预测来年橄榄大丰收，于是提前廉价租下当地所有榨坊，等橄榄成熟季节高价转租，一夜致富。他用事实告诉人们：有知识的人更有能力获得金钱，只不过他的兴趣不在此而已！

泰勒斯利用相似三角形性质来测量金字塔的高度，如图 2-31。测出金字塔的影长 s，底面边长之半 a，人站在金字塔影子的末端，测得人的影长为 s_1，身高为 h_1，由于相似三角形对应边成比例，故有

$$\frac{h}{s+a}=\frac{h_1}{s_1}, h=\frac{h_1}{s_1}(s+a)$$

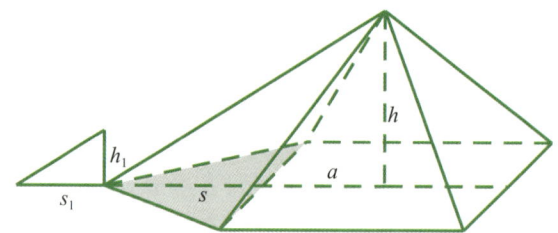

图 2-31　泰勒斯利用三角形的相似性测量金字塔的高度

亚里士多德（Aristotle）的弟子欧得姆斯（Eudemus，前 4 世纪）把角边角定理（《几何原本》卷 1 命题 26）归功于泰勒斯的发现。普罗克拉斯（Proclus，5 世纪）告诉我们：

> 欧得姆斯在其《几何史》中将该定理归于泰勒斯。因为他说，泰勒斯证明了如何求出海上轮船到海岸的距离，其方法中必须用到该定理。[1]

欧得姆斯大概是有文献记载的第一位数学史家，可惜他的《几何史》失传了。泰勒斯究竟是如何求轮船与海岸距离的？法国数学史家

1　Smith D E. *The Teaching of Geometry*. Boston: Ginn and Company, 1911.

坦纳里（P. Tannery, 1843—1904）认为，泰勒斯应该是用图 2-32 所示的方法来求船到海岸的距离 AB 的：设 A 为海岸上的观察点，作线段 AC 垂直于 AB，取 AC 的中点 D，过 C 作 AC 的垂线，在垂线上取点 E，使得 B、D 和 E 三点共线。利用角边角定理，CE 的长度即为所求的距离。

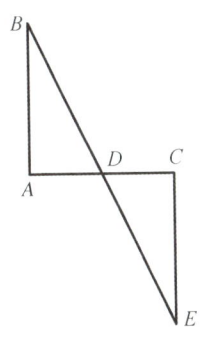

图 2-32　泰勒斯可能用过的测量法

这种方法为后来的罗马土地丈量员所普遍采用。但这种方法仍然受到质疑，因为如果船离海岸很远，岸边很难有足够的平地可供测量。

英国数学史家希思（T. L. Heath, 1861—1940）则提出了另一种猜测：如图 2-33，泰勒斯在海边灯塔（或高丘）上利用一种简单的工具进行测量。直竿 EF 垂直于地面（利

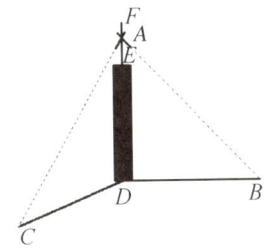

图 2-33　希思猜测的测量法

用铅垂线），在其上有一固定钉子 A，另一横竿可以绕 A 转动，但可以固定在任一位置上。将横竿调准到指向船的位置，然后转动 EF（保持与地面垂直），将横竿对准岸上的某一点 C。则根据角边角定理，$DC = DB$。

上述测量方法广泛使用于文艺复兴时期。16 世纪意大利数学家贝里（S. Belli, ?—1575）在出版于 1565 年的测量著作中有一幅插图，清晰地展示了泰勒斯的测量方法。有一个故事说，拿破仑军队在行军途中为一河流所阻，一名随军工程师运用泰勒斯的方法迅速测得河流的宽度，因而受到拿破仑的嘉奖。可见，从古希腊开始，角边角定理在测量中一直扮演着重要角色。

图 2-34　泰勒斯的方法在 16 世纪的应用

还有一则故事说，抗美援朝时期，一位志愿军战士利用上述方法测出美军军营与我军之间的距离。这位志愿军战士或许并未受过良好的数学教育，但他不自觉地运用了全等三角形的性质，立下了不朽的军功。

2.3　海岛奇迹

古希腊历史学家希罗多德（Herodotus, 前 5 世纪）描述了毕达哥拉斯的故乡、萨摩斯岛上的一条约建于公元前 530 年、用于从爱琴海引水的穿山隧道，设计者为工程师欧帕里诺斯（Eupalinos）。这个隧道后来被人遗忘，直到 19 世纪末，它才被考古工作者重新发现。20 世纪 70 年代，考古工作者对隧道进行了全面的发掘。隧道全长 1036 米，

图 2-35　萨摩斯岛（希腊，1955）

图 2-36 萨摩斯岛

图 2-37 萨摩斯隧道

宽 1.8 米，高 1.8 米。两个工程队从山的南北两侧同时往里挖掘，最后在山底某处会合，考古发现，会合处误差极小。当时人们挖隧道所用的标准方法是在挖掘过程中在山的表面向下挖若干通风井，以确定所抵达的位置，并校正挖掘的方向。然而，令考古学家惊讶的是，该隧道挖掘过程中并未使用这一方法！人们不禁要问：欧帕里诺斯到底是用什么方法来确保两个工程队在彼此看不到的情况下沿同一条直线向里挖的？

在欧帕里诺斯 600 年后，希腊数学家海伦（Heron）在一本介绍测量方法的小书 *Dioptra* 中给出一种在山两侧的两个已知出口之间挖掘直线隧道的方法，人们相信：这正是欧帕里诺斯当年用过的方法。

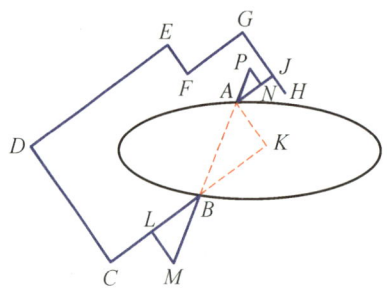

图 2-38　海伦所介绍的隧道挖掘法

如图 2-38 所示，要在两侧山脚的两个入口 A 和 B 之间挖一条直线隧道。从 B 处出发任作一直线段 BC，过 C 作 BC 的垂线 CD，然后，依次作垂线 DE、EF、FG、GH，直到接近 A 点。在每一条线段的一个端点处能看到另一个端点。在最后一条垂线段 GH 上选取点 J，使得 JA 垂直于 GH。设 AK 为 CB 的垂线，K 为垂足，则

$$AK = CD - EF - GJ;\ BK = DE + FG - BC - AJ$$

现在 BC 和 AJ 上分别取点 L 和 N，过点 L 和 N 分别作 BC 和 AJ 之垂线，在两垂线上分别取点 M 和 P，使得

$$\frac{LM}{BL} = \frac{PN}{AN} = \frac{AK}{BK}$$

于是，Rt△*BLM*、Rt△*BKA*、Rt△*ANP*为相似三角形。因此，点 *P*、*A*、*B*、*M* 共线。故只需保证在隧道挖掘过程中，工人始终能看见 *P*、*M* 处的标志即可。

古希腊的数学文明令人神往，古代工程师的聪明才智令人钦佩，几何学的神奇力量令人惊叹！

2.4 天外来客

仰望星空，时有流星划过天际，令我们感叹生命的短暂；而那璀璨夺目的流星雨，又深深震撼着我们凡俗的心灵。流星是什么？从古到今，人们作过无数种猜测。古希腊哲学家亚里士多德说，那是地球上的蒸发物；近代有人进一步认为，那是地球上的磷火升空后的燃烧现象。

10世纪波斯著名数学家、物理学家和天文学家阿尔·库希（al-Kuhi）设计出一种方案[1]，通过两个观测者异地同时观测同一颗流星，来测定其发射点的高度。18~19世纪之交，德国天文学家本森伯格（J. Benzenberg, 1777—1846）和布兰蒂

图 2-39 1833 年 11 月发生的狮子座流星雨

---

1 van Brummelen G. Catching a falling star: Meteors in 10th century Persia. *Mathematics in School*, 2003, 32: 7–9.

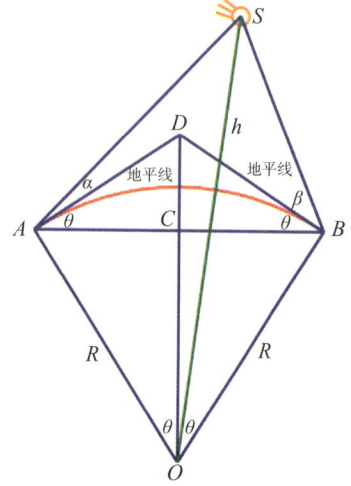

图 2-40　流星（中国，2003）　　　图 2-41　流星高度的测量

斯（H. W. Brandes, 1777—1834）独立采用了同样的方法。[1]

如图 2-41，设有两个观测者在地球上 A、B 两地同时观察到一颗流星 S，仰角分别为 α 和 β，根据 AB 的长度以及地球的半径 R，可得 AB 所对圆心角的大小，它的一半为 θ。在直角三角形 AOC 中，$AC = R\sin\theta$，于是 $AB = 2R\sin\theta$。在三角形 SAB 中，$\angle SAB = \theta + \alpha$，$\angle SBA = \theta + \beta$，故由 AB 的大小，可以求得 SA；在三角形 OAS 中，$OA = R$，$\angle OAS = \angle OAD + \angle DAS = \dfrac{\pi}{2} + \alpha$，于是可求得 OS 的大小，从中减去 R，即得流星 S 在发射点处的高度。

阿尔·库希还不知道三角学里的正弦定理；而关于余弦定理，中世纪的数学家只知道《几何原本》中的几何形式，因此他的方法相当烦琐。正弦定理最早是由 13 世纪数学家纳绥尔丁·图斯（Nasîr ed-dîn al-Tûsî, 1201—1274）明确提出来的。

1　Loomis E. On shooting stars. *American Journal of Science*, 1835, 28(1): 95–104.

纳绥尔丁出生于呼罗珊的图斯城（今伊朗之东北地区）。早年，他学习法律、逻辑、数学、哲学、医学和天文学。1214 年，去当时的学术中心尼沙普尔学习哲学、医学和数学，并崭露头角。1220 年，应邀去了伊斯玛仪教派的宫廷——阿拉木特堡，从事天文学研究。这期间，他撰写数学、哲学、逻辑、天文著作。1256 年，旭烈兀攻陷阿拉木特堡，纳绥尔丁投蒙古军，任旭烈兀的随军参事。1258 年，蒙古军队攻陷巴格达，纳绥尔丁被任命为主管宗教及遗产的官员。1262 年，纳绥尔丁在马拉盖城西山岗上建成一座规模宏大的天文台。该台招聘西班牙、阿拉伯、叙利亚、波斯及中国的天文历算学家，从事观测和研究。

纳绥尔丁在《论四边形》中将球面三角学知识系统化，使三角学脱离天文学，成为一门独立的学科。他在《论扇形图》中首次明确提出了正弦定理：$\dfrac{a}{\sin A} = \dfrac{b}{\sin B} = \dfrac{c}{\sin C}$。

纳绥尔丁的证明如图 2-42 所示。分别延长 BA 和 CA 到点 E 和 G，使得 BE = CG，以点 B 和 C 为圆心，以 BE 和 CG 为半径，作圆弧 $\overset{\frown}{EM}$ 和 $\overset{\frown}{GN}$。因 $\dfrac{AD}{AC} = \dfrac{GH}{CG}$，

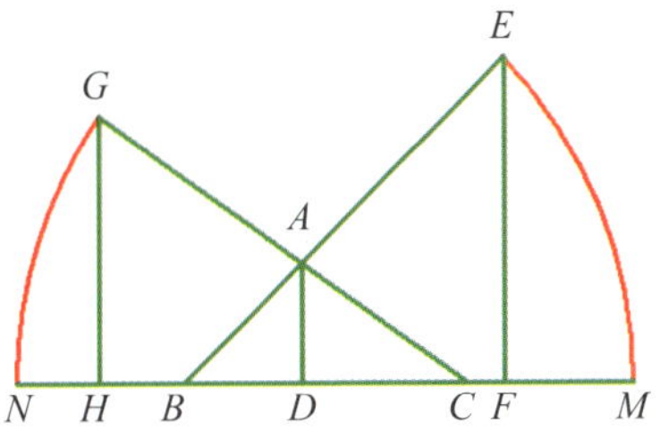

图 2-42 正弦定理的证明

$\dfrac{AD}{AB} = \dfrac{EF}{BE}$，故得 $\dfrac{AD}{b} = \dfrac{\sin C}{R}$，$\dfrac{AD}{c} = \dfrac{\sin B}{R}$，于是 $\dfrac{b}{c} = \dfrac{\sin B}{\sin C}$。同理可证 $\dfrac{a}{c} = \dfrac{\sin A}{\sin C}$。

有了正弦定理和余弦定理，我们可以相当快捷地解决流星高度问题。在阿尔·库希的图形中，设 AB = 500 公里，因 R = 6371 公里，故得

图 2-43　纳绥尔丁（阿塞拜疆，2001）

$$\theta = \frac{1}{2} \times \frac{500}{2\pi R} \times 360° \approx 2.248°,$$

从而得 $AB = 499.872$ 公里。设 $\alpha = 23.2°$，$\beta = 44.3°$，则

$$\angle ASB = \gamma = 180° - (\alpha + \theta) - (\beta + \theta) = 108.004°。$$

由正弦定理得 $\dfrac{AB}{\sin \gamma} = \dfrac{AS}{\sin(\beta+\theta)}$，故得 $AS = 381.566$ 公里。再由余弦定理得

$$OS = \sqrt{(AS)^2 + R^2 - 2AS \times R \cos(90° + \alpha)} = 6530.74 \text{ 公里}$$

最后得到流星发射点的高度为 $h = 159.74$ 公里。

须知，云层最高不超过 15 公里，因此可以断定，流星不是地球蒸发物，它一定是天外来客！正是三角学上的两个定理帮助人类迈出正确认识流星的第一步！

数学也让天文学家作出新发现。观察下面的数列

$$0,3,6,12,24,48,96,192,384,768\cdots$$

很容易发现,从第二项 3 开始,后面一项是前面一项的 2 倍。如果每一项加上 4,得到另一个毫无特色的数列

$$4,7,10,16,28,52,100,196,388,772\cdots$$

从第二项开始,该数列的通项公式为 $a_n = 3 \times 2^{n-2} + 4 \, (n \geqslant 2)$。

图 2-44　提丢斯

图 2-45　波德

然而,18 世纪德国数学家提丢斯(J. D. Titius, 1729—1796)却将这个数列与行星和太阳之间的相对距离对应起来,得到了一个惊人的法则。这个法则后来引起天文学家波德(J. E. Bode, 1747—1826)的注意,今称提丢斯-波德律。波德律说的是,若以第三项 10 作为日地距离,则水星、金星、火星、木星与太阳之间的距离相应为 4、7、16、52、100,见表 2-3。

1781 年,英国天文学家赫歇尔(W. Herschel, 1738—1822)发现天王星,其与太阳距离基本符合波德律。

表 2-3　提丢斯–波德律与真实数据之比较

行　星	提丢斯数列	与太阳实际平均距离（1/10 天文单位[1]）
水星	4	3.9
金星	7	7.2
地球	10	10.0
火星	16	15.2
——	28	——
木星	52	52.0
土星	100	95.3
天王星	196	192
海王星	388	301
冥王星	772	396

图 2-46　太阳系（希腊，1980）

---

[1]　地球至太阳的实际距离为 1.496×10^8 公里，天文学家以此作为天文单位。

问题摆在天文学家的面前：提丢斯数列第五项 28 是否对应着一颗人类尚未发现的、位于火星和木星轨道之间的行星？天王星的发现大大增加了天文学家们的信念。一个由德国天文学家冯·扎赫（F. X. von Zach, 1754—1832）领导的研究小组开始寻找这颗可能存在的未知行星。

图 2-47　火星和木星（科摩罗，2010）　　图 2-48　黑格尔（民主德国，1970）

德国大哲学家黑格尔（G. W. F. Hegel, 1770—1831）对此颇不以为然，他认为上述距离应构成更"理性"的数列：

$$1,\ 2^1,\ 3^1,\ 2^2,\ 3^2,\ 2^3,\ 3^3,\ \cdots$$

火星和木星（与太阳的相对距离为 2^2 和 3^2）之间不会有什么未知的行星。

然而，就在 1801 年元旦，意大利天文学家皮亚齐（G. Piazzi, 1746—1826）还没有加入冯·扎赫的研究小组之前，就率先发现了火星和木星轨道之间的第一颗、也是最大的一颗小行星——谷神星，这是皮亚齐送给世界天文学界最好的新年礼物！从元旦开始到 2 月 11 日，皮亚齐总共有 24 次观测到这颗新星，一开始他还以为这可能是一颗彗星。1 月 24 日，他致信柏林的波德和米兰的天文学家奥利安尼

（B. Oriani, 1752—1832），通报自己的新发现。同年9月，皮亚齐的完整的观测数据发表于德文杂志 *Monatliche Correspondenz*。然而，皮亚齐在第24次观测到谷神星后，因病停止了观测。在之后的十个多月里，人们再也没能找到过这颗星。

图 2-49　皮亚齐

图 2-50　谷神星

图 2-51　高斯（联邦德国，1955）

24岁的德国数学家高斯（C. F. Gauss, 1777—1855）设计了一种新的轨道计算方法，根据皮亚齐的观测数据，在数周内计算出谷神星的公转周期为4.6年，成功地预测了谷神星的轨道，并把计算结果寄给了冯·扎赫。1801年12月31日夜，德国医生、天文学家奥伯斯（H. W. M. Olbers, 1758—1840）根据高斯的预测，用望远镜再次找到了这颗新星！

谷神星与太阳之间的实际距离为27.6，十分接近提丢斯数列的第五项。这或许让黑格尔懊恼不已。尽管对于更远的海王星和冥王

星 [1]，提丢斯 – 波德律并不成立，但提丢斯数列已导致了小行星的发现，数学与天文学之间的关系昭然若揭。

2.5 牛刀小试

17 世纪，曲线的切线问题是导致微积分诞生的重要课题之一。

为什么数学家要研究曲线的切线呢？

一是解决光学问题。早在公元 1 世纪，古希腊数学家海伦（Heron）就已经证明了光的反射

图 2-52　海伦

定律：光射向平面时，入射角等于反射角（图 2-53）。海伦还将该定律推广到圆弧的情形 [2]，此时，入射光、反射光与圆弧在入射点处的法线所成的角相等（图 2-54）。那么，对于其他曲线，光又如何反射呢？这就需要确定曲线的切线。光的反射和折射问题在 17 世纪十分盛行，法国数学家洛必达（G. L'Hospital, 1661—1704）在其《无穷小分析》[3] 中还列专章加以讨论。

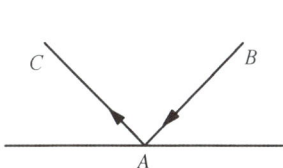

图 2-53　光在平面上的反射

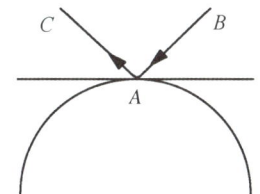

图 2-54　光在球面上的反射

1　2006 年 8 月 24 日，国际天文学会在布拉格召开会议，正式确定太阳系行星的标准。冥王星未能达标，被取消行星资格。自此，1930 年确定的太阳系九大行星减至八大行星。另一方面，国际天文学会确定了一个新的天体家族——矮行星，冥王星、谷神星、阋神星都是其中的一分子。

2　Heath T L. *A History of Greek Mathematics*. London: Oxford University Press, 1921.

3　L'Hospital G. *Analyse des Infiniment Petits*. http://gallica.bnf.fr/ark:/12148/bpt6k205444w. 本书是历史上第一本微积分教科书。

二是处理曲线运动的速度问题。对于直线运动，速度方向与位移方向相同或相反，但如何确定曲线运动的速度方向呢？这就需要确定曲线的切线。

三是确定曲线的夹角问题。曲线的夹角是一个古老的难题。自古希腊以来，人们对圆弧和直线构成的角——牛头角（图 2-55 中 $\stackrel{\frown}{AB}$ 与切线 AC 构成的角）和弓形角（图 2-56 中 $\stackrel{\frown}{ACB}$ 与直径所构成的角）即有过很多争议。17 世纪数学家遇到的更一般的问题是：如何求两条相交曲线所构成的角呢？这就需要确定曲线在交点处的切线。

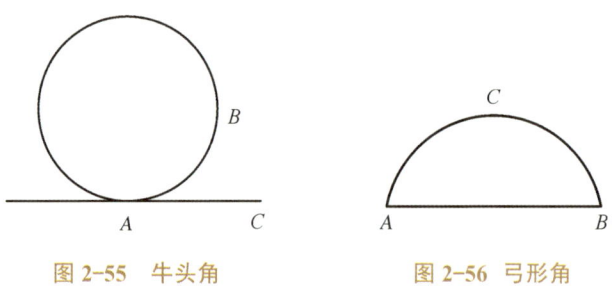

图 2-55　牛头角　　　　图 2-56　弓形角

图 2-57　奥运五环（希腊，1967）

因此，切线问题是 17 世纪上叶的重要数学问题。法国数学家笛卡儿甚至说：切线问题"是我所知道的、甚至也是我一直想要知道的最有用的、最一般的问题"[1]。

那么,如何求曲线的切线?我们在初中已经学过圆的切线的有关性质,在高中又接触过圆锥曲线的切线。圆的切线可以定义为:

与圆只有一个公共点的直线;

过圆上一点,且垂直于该点和圆心连线的直线;

与圆心距离等于半径的直线。

显然,第二种和第三种定义并不适用于椭圆、双曲线和抛物线;第一种定义并不适用于抛物线,因为平行于抛物线对称轴的任何直线与抛物线都只有一个公共点。可见,要对切线定义作出改进,方能使其适用于其他曲线。

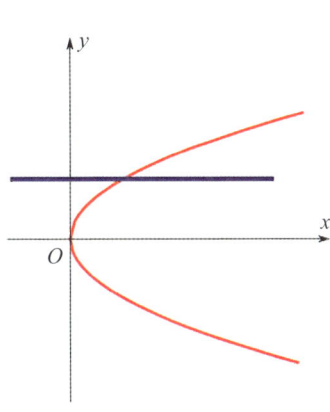

图 2-58 直线与抛物线只有一个公共点,但直线不是切线

或许,我们可以将圆锥曲线的切线定义为:

与曲线只有一个公共点,且位于曲线一侧(或"不穿过"曲线)的直线。

这正是古希腊数学家的切线定义。基于这样的定义,他们已经找到了求任何圆锥曲线的切线的方法。但在以下各图形(图 2-59 和图 2-60)中,直线是否为曲线在相应点处的切线呢?

17 世纪的数学家们显然也遭遇了这样的认知冲突。看来,修正以后的切线定义虽然适用于圆锥曲线,但并不一定适用于其他曲线,我们还需要寻求求切线的新方法。

---

[1] 波耶 C B. 微积分概念史. 上海师范大学数学系翻译组,译. 上海:上海人民出版社,1977.

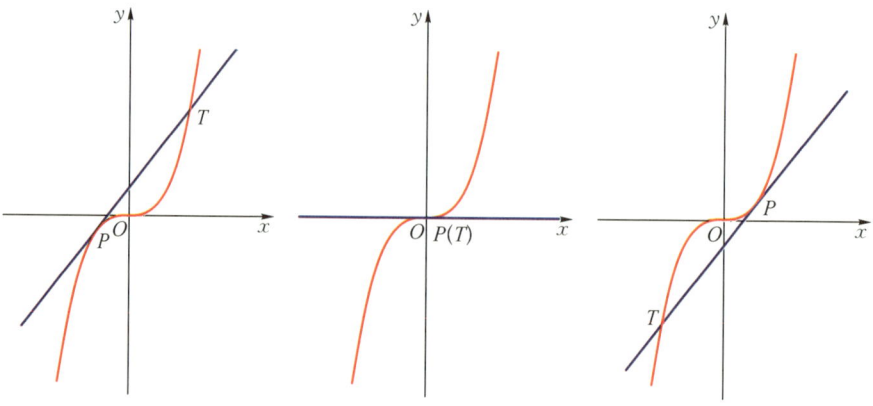

图 2-59 曲线 $y=x^3$ 的切线

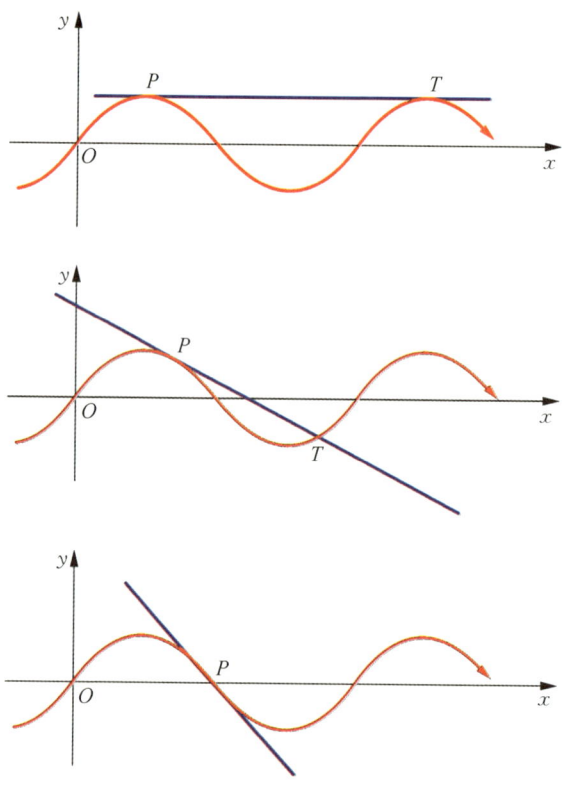

图 2-60 正弦曲线 $y=\sin x$ 的切线

让我们回到圆上来。作圆内接正三角形，保持一个顶点不变，再依次作出圆内接正六边形、正十二边形、正二十四边形、正四十八边形、正九十六边形，观察保持不变的那个顶点所在的边的位置变化情况。

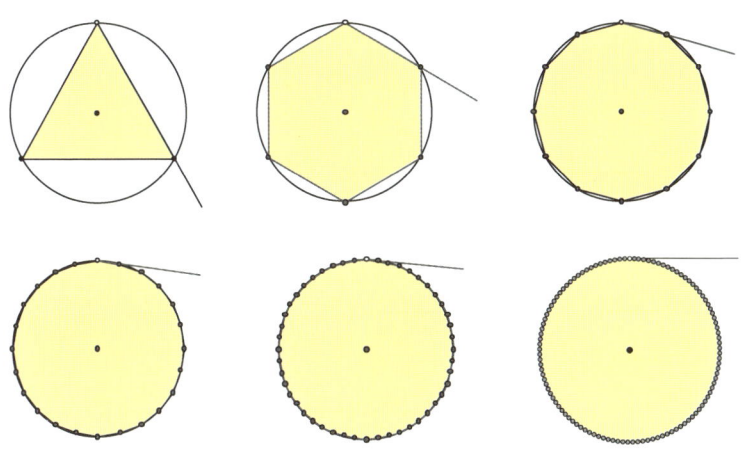

图 2-61　圆内接正多边形

我们看到：当边数不断倍增下去时，保持不变的那个顶点所在的边越来越接近切线的位置。因此，如果把切线定义为割线的极限位置，那么，这样的定义不仅适用于三次曲线和正弦曲线，而且适用于更一般的曲线。

让我们来看一般曲线的情形。假设我们要求曲线 $y = f(x)$ 在点 $P(x_0, y_0)$ 处的切线。在点 P 附近取一点 $Q = (x_0 + e, f(x_0 + e))$，则割线 PQ 的斜率为 $\dfrac{f(x_0 + e) - f(x_0)}{e}$。现在，让点 Q 越来越接近 P，最后，当 Q 和 P 重合时，PQ 就变成了切线，其斜率为：

$$\lim_{e \to 0} \dfrac{f(x_0 + e) - f(x_0)}{e}$$

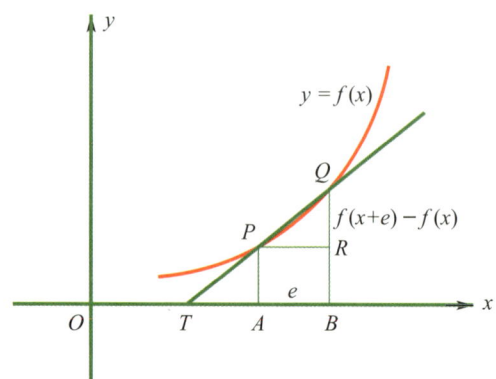

图 2-62　一般曲线的切线求法

我们把上面的极限值称为函数 $y=f(x)$ 在点 x_0 处的导数，记为 $f'(x_0)$，即

$$f'(x_0)=\lim_{e\to 0}\frac{f(x_0+e)-f(x_0)}{e}$$

这样，我们就从几何上引入了导数的概念。

有了导数概念，我们就可以处理瞬时速度问题。设物体或质点的位移函数为 $y=f(x)$，其中自变量 x 为时间，则该物体在时刻 x_0 处的瞬时速度为 $f'(x_0)$。

导致微积分产生的另一问题是最大值或最小值问题。法国数学家费马（P. de Fermat, 1601—1665）专门研究过这个问题。他的方法是这样的：若 $y=f(x)$ 在某点达到最大值或最小值，则有 $y=f(x+e)=f(x)$，即 $y=f(x+e)-f(x)=0$。消去相同项后，除以 e，再去掉含

图 2-63　费马（法国，2001）

有 e 的项，即可求得 x，这个 x 就是使函数达到最大或最小值的点。当然，严格地说，这里的最大值或最小值应该为极大值或极小值（即局部最大值或局部最小值）。

我们来看费马的一个例子：将长度为 a 的线段分成两段，使它们构成的长方形的面积最大。设其中一段为 x，则面积函数为

$$f(x) = x(a-x) = ax - x^2$$

这是一个二次函数，用初等方法很容易知道：当 $x = \dfrac{a}{2}$ 时，函数取得最大值 $\dfrac{a^2}{4}$。但费马则令

$$a(x+e) - (x+e)^2 = x(a-x)$$

得

$$ae - 2ex - e^2 = 0$$

两边除以 e 得

$$a - 2x - e = 0$$

令 $e = 0$，得 $x = \dfrac{a}{2}$，从而得到面积最大值为 $\dfrac{a^2}{4}$。

利用导数这个工具，费马的方法相当于说，若函数 $y = f(x)$ 在点 x_0 处取得极值且在该点处存在导数，则

$$f'(x_0) = \lim_{e \to 0} \frac{f(x_0 + e) - f(x_0)}{e} = 0$$

这就是微积分里著名的费马定理。这个定理的几何意义是，曲线在极值点处的切线是水平的；而它的物理意义则是：作上抛运动的物体达

到最高点时，速度为零。

现在，让我们追溯一下光的折射定律那不平凡的历史。

当光从一种介质进入另一种介质发生折射时，入射角和折射角之间的关系如何？古希腊天文学家托勒密（C. Ptolemy, 85—165）分别就空气和水、水和玻璃、玻璃和空气，对光的入射角和折射角进行测量，得出入射角与折射角成正比的错误结论。

图 2-64　托勒密

图 2-65　阿尔·海赛姆（卡塔尔，1971）

阿拉伯数学家阿尔·海赛姆（Al-Haitham, 965—1038）制作仪器，测量入射角和折射角，发现托勒密的结论是错误的，但他自己未能发现折射定律。之后，波兰物理学家、自然哲学家和数学家维特罗（Witelo, 1230?—1300?）在阿尔·海赛姆的基础上进一步研究折射现象，同样无果而终。

1611 年，开普勒在《折光》中给出：对于两种固定的媒质，当入射角（i）较小时，入射角和折射角（r）之间的关系是 $i = nr$（n 为常数）。当光线从空气进入玻璃时，$n = 3/2$。英国数学家哈里奥特（T. Harriot, 1560—1621）和荷兰数学家斯内尔（W. Snell, 1591—1626）相继通过实验得出折射定律，但未能给出理论推导。

图 2-66 哈里奥特（几内亚，2009）

图 2-67 笛卡儿（法国，1937）

1637 年，法国数学家笛卡儿在《折光》(《方法论》之附录）中发表了折射定律，但遗憾的是，他的证明却是错误的！同时代数学家费马因此对笛卡儿的折射定律进行了攻击。直到 24 年后的 1661 年，费马才利用最小时间原理导出了折射定律。

1684 年，微积分发明者之一、德国数学家莱布尼茨（G. W. Leibniz, 1646—1716）在他的第一篇微积分论文中，小试牛刀，给出了微分的一个应用：在两种媒质中分别有点 P 和 Q，光从 P 出发到达 Q，界面上入射点 O 位于何处，光用时最短？

如图 2-68，建立直角坐标系，设光在两种媒质中的传播速度分别为 v_1 和 v_2，光从 P 到 Q 所需时间为

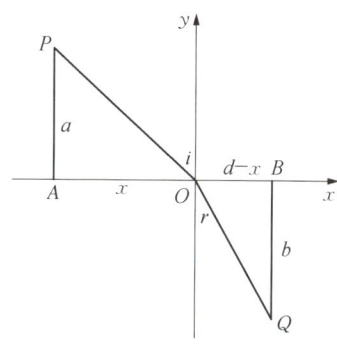
图 2-68 折射定律的推导

$$f(x) = \frac{\sqrt{a^2+x^2}}{v_1} + \frac{\sqrt{b^2+(d-x)^2}}{v_2},$$

令

$$f'(x) = \frac{x}{\sqrt{a^2+x^2}}\frac{1}{v_1} - \frac{d-x}{\sqrt{b^2+(d-x)^2}}\frac{1}{v_2} = 0,$$

即得

$$\frac{\dfrac{x}{\sqrt{a^2+x^2}}}{\dfrac{d-x}{\sqrt{b^2+(d-x)^2}}} = \frac{\sin i}{\sin r} = \frac{v_1}{v_2}.$$

图 2-69　莱布尼茨（罗马尼亚，2004）

有了微积分，一个具有 1500 年漫长历史的古老光学问题，轻而易举得到了解决。莱布尼茨获此结果后惊叹道："熟悉微积分的人能够如此魔术般地处理的一些问题，曾使其他高明的学者百思而不得其解！"[1]

有了费马定理，第一讲中的蜂房问题也就迎刃而解了，如图 2-70，设蜂房单元底面正六边形边长为 a，侧面长棱为 b，长、短棱之差为 x，则蜂房单元的表面积为

---

[1] 爱德华 C H. 微积分发展史. 张鸿林, 译. 北京: 北京出版社, 1987.

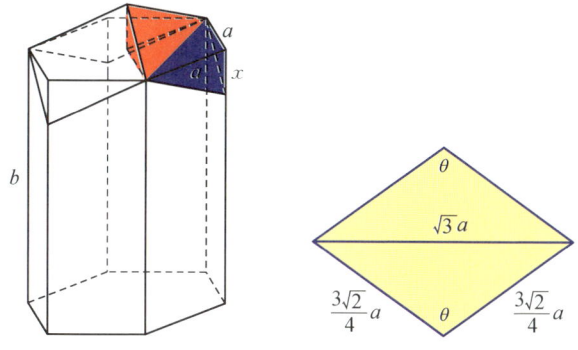

图 2-70 蜂房单元的表面积计算

$$f(x) = 6ab - 6 \times \frac{1}{2}ax + 6 \times \frac{\sqrt{3}a}{4}\sqrt{a^2+4x^2}$$

$$= 6ab + \frac{3\sqrt{3}a}{2}\sqrt{a^2+4x^2} - 3ax$$

求导得：

$$f'(x) = \frac{3\sqrt{3}a}{2}\frac{4x}{\sqrt{a^2+4x^2}} - 3a$$

令 $f'(x)=0$，得 $x=\frac{\sqrt{2}}{4}a$，从而得 $\cos\theta = -\frac{1}{3}$，$\theta = 109°28'$。

2.6 财富理论

据 1982 年诺贝尔经济学奖得主斯蒂格勒（G. J. Stigler, 1911—1991）及其同事对世界上五种主要经济学评论杂志上的论文的统计，使用微积分及其他高等技术的论文占全部论文的比率，在 1932—1933 年为 2%，1952—1953 年为 46%，1989—1990 年则升至 56%。上述数据客观地说明了数学与经济学之间的关系日趋密切。事实上，早在 19 世纪，英国著名经济学家杰文斯（W. S. Jevons, 1835—1882）就指出："经济学若要成为一门科学，则必为数学科学。"[1] 在杰文斯看来，政治经济学家们以前得出的所有重要定律，他从数学原理中都能得出。

在荣获诺贝尔经济学奖的工作中，许多工作是相当数学化的，而获奖者中很多都是数学家。美国数学家阿罗（K. J. Arrow）由于对一般经济均衡理论和福利理论的开创性贡献而于 1972 年获奖；苏联数学家康托洛维奇（L. V. Kantorovich, 1912—1986）"由于对资源最优分配理论的贡献"而于 1975 年获奖；美国经济学家克莱因（L. R. Klein）因"根据现实经济中实有数据所作的经验性估计，建立起经济体制的数学模型"而于 1980 年获奖；美国经济学家托宾（J. Tobin, 1918—2002）以其"投资决策的数学模型"而于 1981 年获奖；法国数学家德布鲁（G. Debreu, 1921—2004）因"在经济理论中引入新的分析方法以及重新建立一般均衡理论"而于 1983 年获奖；美国数学家纳什（J. Nash）由于"在非合作博弈论中对于均衡的开创性分析"而于 1994 年获奖。

数学是描述经济学理论的一种语言。19 世纪法国数学家、常常被誉为数理经济学之父的库诺（A. A. Cournot, 1801—1877）在其《财富理论之数学原理研究》（*Recherches sur les Principes Mathématiques de la Théorie des Richesses*）中证明使收益达到最大值的商品价格的存在性如下：

> 由于 [需求函数] $F(p)$ 是连续的，则年销售额 $pF(p)$ 必也连续……因 $pF(p)$ 随着 p 的增大先增大后减小，故必存在 p 的一个值，使该函数达到最大值。这个值是由方程 $F(p) + pF'(p) = 0$ 给出的。[2]

---

[1] Jevons W S. *The Theory of Political Economy*. London: Macmillan & Co., 1871: 3.
[2] Cournot A A. *Recherches sur les Principes Mathématiques de la Théorie des Richesses*. Paris: Chez L. Hachette, 1838: 56.

图 2-71 阿罗

图 2-72 康托洛维奇

图 2-73 克莱因

图 2-74 德布鲁

图 2-75 托宾

图 2-76 纳什

图 2-77 库诺

图 2-78 萨缪尔森

这正是费马定理在经济学上的应用。

为了强调数学对于经济学理论的重要性，1970年诺贝尔经济学奖得主、美国经济学家萨缪尔森（P. A. Samuelson，1915—2009）讲述了19世纪美国著名物理学家吉布斯（J. W. Gibbs, 1839—1903）的一个故事。有一次，耶鲁大学的教授们正激烈地争论一个问题：是否应要求某些学生修语言或数学？对于这两门学科孰优孰劣，教授们仁者见仁、智者见智，争论不休。最后，只见不善言辞的吉布斯站了起来，说出五个字："数学即语言。"数学的公理化方法和证明技术，将经济学上原先一大堆模糊的、互相矛盾的概念变成了系统的、逻辑上连贯的实体。萨缪尔森指出：

> 经济理论的问题——诸如税收的归宿、货币贬值的影响——本质上都是量的问题……当我们用文字来解决它们时，我们实际上和写出方程式的情形一样是在解方程。大错误出在前提的表述上……数学媒介——或严格地说，数学家惯用的阐述证明的准则，不论用文字还是用符号——的好处之一是，我们不得不摊牌，使所有人都能看到我们的前提。[1]

在萨缪尔森眼里，数学对于经济学理论的发展是不可或缺的。因此，他忠告年轻人，要想研究经济，就必须打好数学基础。克莱因则在其诺贝尔奖演讲中如是说：

> 我的脑海里原本一直浮着一个想法，就是数学可以应用到经济问题的分析上。我在大学所修的课程，大部分不是数学就是经济学。我

---

[1] Samuelson P A. Economic theory and mathematics—an appraisal. *American Economic Review*, 1952, 42(2): 56–66.

并不是富有原创力的数学家，也不是所谓的数学天才，这点我早由自己曾经参与的数学竞赛就知道了。不过我深深被大学的数学课程所吸引，同时产生了数学可以应用到经济学上的念头。例如，用数学式来表现需求曲线或收益的预估……

数学在经济学上的成功应用使它成为一种知识工具。许多经济理论的提出与完善都是系统应用数学的结果。如：一般均衡理论（微分拓扑与代数拓扑）、理性预期理论（统计推断、动态规划）、博弈论、不确定性经济学（概率论、博弈论）、社会选择理论（代数学）、数理金融学（连续随机过程）、资源最优分配理论（线性规划）等。其中一些理论的作者荣获了诺贝尔经济学奖。

本讲所介绍的数学文化案例揭示了数学与水利工程、军事、天文学、光学、经济学等知识领域之间的密切联系，将数学从"孤岛"中解放出来。区区数例，已足以让我们深深感受到数学之普遍价值、数学之无穷魅力！

问题研究

2-1. 完成安妮·康蒂的对勾股定理的证明。

2-2. 如图 2-79，在直角三角形 ABC 的三边上分别作正方形 $BGFC$、$ACED$ 和 $AIHB$，连接 FE、DI 和 HG。在 FE、DI 和 HG 上分别作正方形 $FPQE$、$DMNI$ 和 $HKLG$，连接 LP、QM 和 NK 并延长，得三角形 $A'B'C'$。在 LP、QM 和 NK 上分别作正方形 $LXYP$、$QSTM$ 和 $NUVK$。证明如下结果：

（1）三个三角形 ADI、BHG、CFE 的面积均与 $\triangle ABC$ 的面积相等；

（2）$LP = 4GF, QM = 4ED, NK = 4IH$；

（3）$\triangle ABC$ 与 $\triangle A'B'C'$ 相似；

（4）梯形 $GLPF$、$EQMD$ 和 $INKH$ 的面积均等于 $\triangle ABC$ 面积的 5 倍；

（5）正方形 $DMNI$ 和 $HKLG$ 的面积之和等于正方形 $FPQE$ 面积的 5 倍；

（6）$CC' \perp GD$；

（7）正方形 $NUVK$ 的面积等于正方形 $LXYP$ 和 $QSTM$ 面积之和。

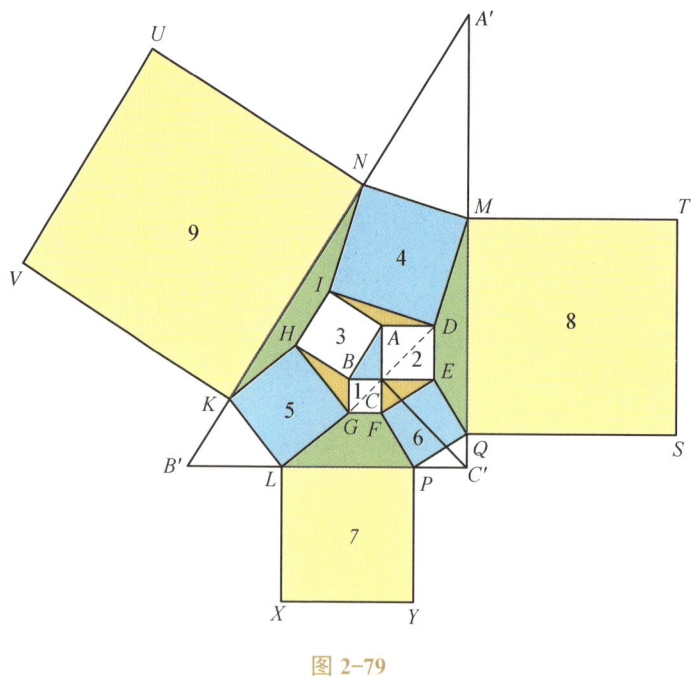

图 2-79

2-3. 用费马的方法解以下问题：(1) 将一个正数分成两部分，使其算术平方根之和最大；(2) 将一个正数分成两部分，使其中一部分与另一部分的商的和最大。

第3讲

东晴西雨

> 上帝永恒地在将世界几何化。
>
> ——柏拉图

美国《数学情报员》杂志曾于1988年刊出数学上24个著名的定理，让读者给每一个定理打分，评出最美的定理。满分10分。统计结果，前五名如下：

第一名　$e^{i\pi} + 1 = 0$（得分：7.7）

第二名　$V + F - E = 2$（得分：7.5）

第三名　素数无限多（得分：7.5）

第四名　正多面体只有五种（得分：7.0）

第五名　$1 + \dfrac{1}{2^2} + \dfrac{1}{3^2} + \dfrac{1}{4^2} + \cdots = \dfrac{\pi^2}{6}$（得分：7.0）

最美的定理是18世纪瑞士大数学家欧拉（L. Euler, 1707—1783）给出的。该公式的神奇之处在于实现了数学上五个最重要常数1、0、π、e、i 的大团圆。美国数学史家和数学教育家史密斯（D. E. Smith,

瑞士（1957）　　　　　　　　民主德国（1983）

图 3-1　欧拉及其公式

1860—1944）在他的私人图书馆门口写了这样一段话："伏尔泰曾经说过——'很少有人会否认诗歌的一个优点，它比散文说得更多而用词却更少。'同样，我们也可以说，'很少有人会否认数学的一个优点，它比任何其他科学都说得多而用词却更少。'公式 $e^{i\pi}+1=0$ 表达了一个思想的世界，一个真理的世界，一个诗歌的世界和一个宗教精神的世界，因为'上帝永恒地在将世界几何化'。"[1]

本讲介绍后三个常数 π、e、i 的有关历史文化知识。

3.1　千古绝技

世上最长的蛇不过四十尺，

神话传说中的蛇无分轩轾。

组成 Pi 的数字串行进逶迤，

它不会在书页边停步栖息，

它会继续走过书桌，穿过空气，

---

[1]　von Baravalle H. The number Pi. *Mathematics Teacher*, 1967, 60(5): 479–487.

越过墙壁、树叶、鸟巢、云霓，

直上九霄，

穿过广袤无垠的天际。

那彗星的尾巴显得多么短小，

就像鼠尾和小辫子，

而星光显得多么脆弱，

撞在空间上便弯曲了轨迹。

………………………………

这是诺贝尔文学奖得主、波兰著名诗人维斯拉瓦·申博尔斯卡（Wislawa Szymborska）所写的关于圆周率的诗，无穷无尽的圆周率激发了诗人的无限遐想。现在，且让我们追溯圆周率的无穷之旅。

古希腊哲学家柏拉图（Plato，前427—前347）说："上帝永恒地在将世界几何化。"17世纪意大利天文学家伽利略（G. Galilei, 1564—1642）有一句名言："宇宙这部大书是用数学语言写成的，它的文字乃是三角形、圆和别的几何图形。没有这些图形，人类将不识只字；没有这些图形，人类将在黑暗的迷宫中徘徊。"人类的祖先很早就开始阅读宇宙这部大书，逐渐认识了各种图形。而在他们早期所认识的图形中，圆是最让他们感兴趣的，这一点可以从新石器时代的陶器形状得到证明。

耶鲁大学所藏古巴比伦时期的泥版YBC 7302上就有一个圆面积问题：已知圆周长$C=3$，求圆面积，答案为$S=\dfrac{45}{60}$。由此可知，祭司所用的圆面积公式为

$$S = \dfrac{1}{12}C^2$$

图 3-2　巴比伦泥版 YBC 7302

这相当于取圆周率为 3。

而根据苏萨（Susa）泥版，圆内接正六边形的周长和圆周长之间有如下关系：

$$C_6 = \left(\frac{57}{60} + \frac{36}{60^2}\right)C$$

由此可知，古巴比伦最好的圆周率结果为 $\pi \approx 3\frac{1}{8}$。

在莱因得纸草书问题 50 中，祭司给出圆面积公式为：

$$S = \left(\frac{8d}{9}\right)^2 = \frac{256R^2}{81}$$

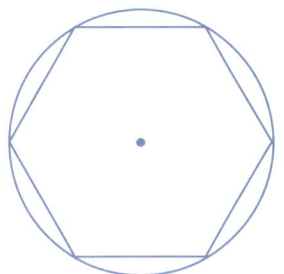

图 3-3　苏萨泥版的几何图示

易知，祭司实际上得到圆周率的近似值 $\pi \approx 3\frac{1}{6}$，这是古代埃及关于圆周率的最佳结果。

古希腊数学家阿基米德（Archimedes，前287—前212）最早采用了科学的计算方法。他通过计算边数倍增的圆外切和内接正多边形的周长来求圆周率近似值，开圆周率古典算法之先河。阿基米德的结果是 $3\frac{10}{71} < \pi < 3\frac{1}{7}$。公元2世纪，希腊天文学家托勒密（C. Ptolemy, 85?—165?）得到 $\pi \approx 3.14166$。

在我国古代，传说伏羲创造了"规"和"矩"，也传说黄帝的大臣倕是"规矩"和"准绳"的创造者。大禹"左准绳""右规矩"。这里规、矩、准、绳是我们祖先最早使用的数学工具。其中"规"当然就是作圆的工具。《墨经》中已经给出"圆，一中同长也"的定义。我国古代对圆周率的探求有着悠久的历史。李淳风在《隋书·律历志》中称：

> 古之九数，圆周率三，圆径率一，其术疏舛。自刘歆、张衡、刘徽、王蕃、皮延宗之徒，各设新律，未臻折衷。宋末，南徐州从事史祖冲之，更开密法，以圆径一亿为一丈，圆周盈数三丈一尺四寸一分五厘九毫二秒七忽，朒数三丈一尺四寸一分五厘九毫二秒六忽，正数在盈朒二数之间。密率：圆径一百一十三，圆周

图 3-4　伏羲与女娲

三百五十五。约率：圆径七，周二十二。又设开差幂、开差立，兼以正圆参之，指要精密，算氏之最者也[1]。

汉代以前，我们的先人采用"周三径一"，即将圆周率值取为 3。《九章算术》和《周髀算经》都取 3 作为圆周率的近似值。东汉著名科学家张衡获得 $\pi = \sqrt{10} \approx 3.16228$，较《九章算术》和《周髀算经》中的"周三径一"已经有了明显的进步。东汉刘歆（？—23）为新朝王莽所制造的"律嘉量斛"上的铭文称：

律嘉量斛，方尺而圆其外，庣旁九厘五毫，幂百六十二寸，深尺，积一千六百二十寸，容十斗[2]。

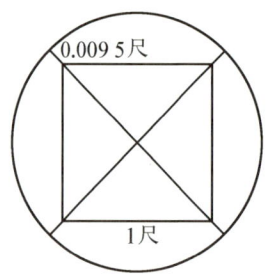

图 3-5　律嘉量斛上的尺寸

根据铭文中的数据，不难计算得到圆周率的近似值（如图 3-5 所示）：

$$\pi = \frac{1.62}{\left(\frac{\sqrt{2}}{2} + 0.0095\right)^2} \approx 3.15466。$$

这个结果又比张衡的精确一些。

三国时期数学家刘徽在注《九章算术》时提出了著名的"割圆术"，用无穷分割求和原理证明了《九章算术》中的圆面积公式，并得到圆周率的两个近似值：3.14 和 3.1416。

（1）如图 3-7，AB 是圆 O 的内接正 n 边形的边长，AD 和 BD 是圆 O 的内接正 $2n$ 边形的边长。等形 $OADB$ 的面积为

---

[1] 魏徵，等.隋书·律历志.北京：中华书局，1994：387-388.
[2] 魏徵，等.隋书·律历志.北京：中华书局，1994：409.

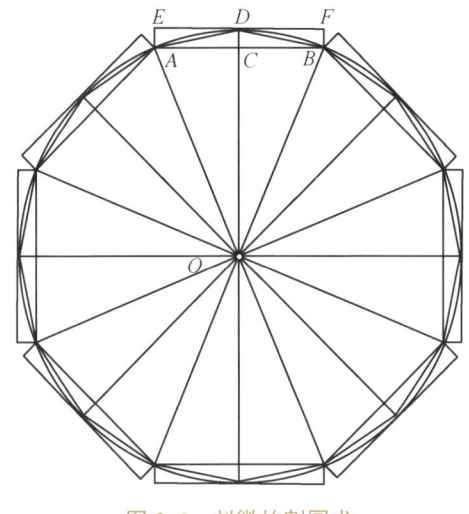

图 3-6 刘徽的割圆术

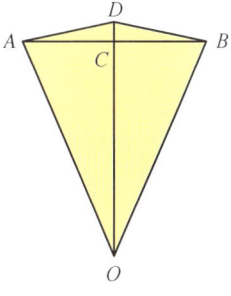

图 3-7 筝形

$$S_{OADB} = \frac{1}{2} AB \cdot OD = \frac{1}{2} a_n R$$

故圆内接正 $2n$ 边形的面积为

$$S_{2n} = \frac{1}{2} n a_n R$$

于是圆面积

$$S = \lim_{n \to \infty} S_{2n} = \lim_{n \to \infty} \frac{1}{2} n a_n R = \frac{1}{2} CR$$

刘徽说:"割之弥细,所失弥少。割之又割,以至于不可割,则与圆合体,而无所失矣。"

(2) 由圆内接正多边形边长递推公式("刘徽倍边公式")

$$a_{2n} = \sqrt{\left(\frac{a_n}{2}\right)^2 + \left(R - \sqrt{R^2 - \left(\frac{a_n}{2}\right)^2}\right)^2}$$

取 $R=1$ 尺，即有

$$a_{2n}=\sqrt{2-\sqrt{4-(a_n)^2}}$$

利用面积公式依次求得 S_6，S_{12}，S_{24}，S_{48}，再求得

$$S_{96}=313\frac{584}{625}（\text{平方寸}），S_{192}=314\frac{64}{625}（\text{平方寸}）。$$

求得圆周率的近似值 $\frac{157}{50}$。

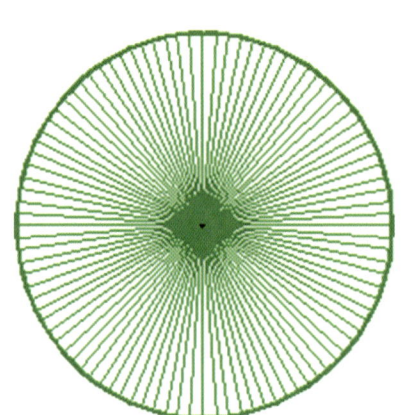
图 3-8　圆内接正 96 边形

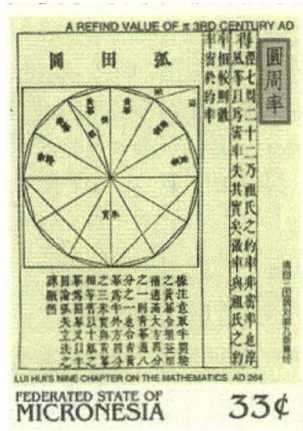
图 3-9　"割圆术"（密克罗尼西亚，1999）

（3）利用"率消息"（有人称之为"组合加速技术"[1]）得加速公式

$$\begin{aligned}S&=S_{96}+(S_{192}-S_{96})+(S_{384}-S_{192})+(S_{768}-S_{384})+\cdots\\&=S_{96}+(S_{192}-S_{96})+\frac{1}{4}(S_{192}-S_{96})+\frac{1}{4^2}(S_{192}-S_{96})+\cdots\\&=S_{96}+\left(1+\frac{1}{4}+\frac{1}{4^2}+\cdots\right)(S_{192}-S_{96})\end{aligned}$$

---

[1] 王能超. 千古绝技"割圆术". 数学的实践与认识，1996，**26**(4): 315-321.

$$= S_{96} + \frac{4}{3}(S_{192} - S_{96})$$

$$= S_{192} + \frac{1}{3}(S_{192} - S_{96})$$

$$= 314\frac{64}{625} + \frac{1}{3} \times \frac{105}{625}$$

$$\approx 314\frac{100}{625} \text{（平方寸）}$$

$$= \frac{3927}{1250} \text{（平方尺）}$$

刘徽说，如果按原来的方法继续割圆，必须计算出圆内接 1536 边形的边长，从而算出圆内接 3072 边形的面积，方可得到这个结果！

南朝数学家祖冲之（429—500）求得圆周率的结果是

$$3.1415926 < \pi < 3.1415927$$

若祖冲之是按照刘徽的程序求的，那么他就必须计算出圆内接正 12288

图 3-10 祖冲之（马里，2011）

图 3-11 祖冲之（中国，1955）

边形的边长 a_{12288} 和圆内接正 24576 边形的面积 S_{24576}。祖冲之的这一纪录在世界上保持了千年之久，直到 15 世纪才为中亚数学家阿尔·卡西（al-kāshī, 1380—1429）所突破。

表 3-1　用来命名小行星的中国人

永久编号	国际命名	中文译名	发现日期	发现地点	发　现　者
1802	Zhang Heng	张　衡	1964 年 10 月 9 日	南　京	紫金山天文台
1888	Zu Chong-Zhi	祖冲之	1964 年 11 月 9 日	南　京	紫金山天文台
1972	Yi Xing	一　行	1964 年 11 月 9 日	南　京	紫金山天文台
2012	Guo Shou-Jing	郭守敬	1964 年 10 月 9 日	南　京	紫金山天文台
2027	Shen Guo	沈　括	1964 年 11 月 9 日	南　京	紫金山天文台
7145	Linzexu	林则徐	1996 年 6 月 7 日	兴　隆	施密特 CCD 小行星项目组
7853	Confucius	孔　子	1973 年 9 月 29 日	帕洛马	范·豪滕（C. J. van Houten）等
7854	Laotse	老　子	1977 年 10 月 17 日	帕洛马	范·豪滕等
12620	Simaqian	司马迁	1960 年 9 月 24 日	帕洛马	范·豪滕等
16757	Luoxiahong	落下闳	1996 年 9 月 18 日	兴　隆	施密特 CCD 小行星项目组
28242	Mingantu	明安图	1999 年 1 月 6 日	兴　隆	施密特 CCD 小行星项目组
145588	Sudongpo	苏东坡	2006 年 8 月 15 日	鹿　林	叶泉志

表 3–2 用来命名小行星的数学家

永久编号	国际命名	数 学 家	发现时间	发 现 者
1001	Gaussia	卡尔·弗里德里希·高斯（Carl Friedrich Gauss）	1923	谢尔盖·伊万诺维奇·别利亚夫斯基（Sergei Ivanovich Belyavsky）
1005	Arago	弗朗索瓦·阿拉戈（François Arago）	1923	别利亚夫斯基
1006	Lagrangea	约瑟夫·路易·拉格朗日（Joseph Louis Lagrange）	1923	别利亚夫斯基
1858	Lobachevskij	尼古拉·罗巴切夫斯基（Nikolai Lobachevsky）	1972	茹拉夫列娃（L. V. Zhuravleva）
1859	Kovalevskaya	索菲亚·柯瓦列夫斯卡娅（Sofia Kovalevskaya）	1972	茹拉夫列娃
1888	Zu Chong-Zhi	祖冲之	1964	紫金山天文台
1996	Adams	约翰·库奇·亚当斯（John Couch Adams）	1961	印第安纳小行星项目组（Indiana Asteroid Program）
1997	Leverrier	于尔班·让·约瑟夫·勒威耶（Urbain Jean Joseph Le Verrier）	1963	印第安纳小行星项目组
2002	Euler	莱昂哈德·欧拉（Leonhard Euler）	1973	塔玛拉·米哈伊洛芙娜·斯米莫娃（Tamara Mikhailovna Smimova）
2010	Chebyshev	帕夫努季·切比雪夫（Pafnuti Chebyshev）	1969	布尔纳舍娃（B. Burnasheva）
2587	Gardner	马丁·加德纳（Martin Gardner）	1980	鲍厄尔（E. Bowell）

续 表

永久编号	国际命名	数学家	发现时间	发现者
4354	Euclides	欧几里得（Euclid）	1960	范·豪滕和汤姆·格雷尔斯（Tom Gehrels）
4628	Laplace	皮埃尔-西蒙·拉普拉斯（Pierre-Simon Laplace）	1986	埃尔斯特（E. W. Elst）
6765	Fibonacci	莱昂纳多·斐波那契（Leonardo Fibonacci）	1982	拉吉斯拉夫·布罗热克（Ladislav Brožek）
6143	Pythagoras	毕达哥拉斯（Pythagoras）	1993	埃尔斯特
12493	Minkowski	赫尔曼·闵可夫斯基（Hermann Minkowski）	1997	孔巴（P. G. Comba）
27500	Mandelbrot	伯努瓦·芒德布罗（Benoît Mandelbrot）	2000	孔巴
29552	Chern	陈省身（Shiing-Shen Chern）	1998	施密特CCD小行星项目组

《隋书》记载了祖冲之的另一著名结果 $\pi \approx \dfrac{355}{113}$。这个结果是如何得到的，学术界历来有种种推测。其中较为普遍的是所谓"调日法"。"调日法"的理论依据是：设实数 x 的不足近似值和过剩近似值分别为 $\dfrac{b}{a}$ 和 $\dfrac{d}{c}$，即 $\dfrac{b}{a} < x < \dfrac{d}{c}$，则分数 $\dfrac{mb+nd}{ma+nc}$ 是 x 的更为精确的近似值，这里 m, n 为任意正整数。

现在，若以刘徽的 $\dfrac{157}{50}$ 为不足近似值，以 $\dfrac{22}{7}$ 为过剩近似值，则取 $m=1$, $n=9$ 时即得密率：

图 3-12　月球背面的祖冲之环形山

$$\frac{157+9\times22}{50+9\times7}=\frac{355}{113}$$

17 世纪日本数学家的有关工作增加了上述推测的可信度,尽管祖冲之未必就以 $\frac{157}{50}$ 作为弱率,以 $\frac{22}{7}$ 作为强率。被誉为"和算之圣"的日本数学家関孝和(1642—1708)在其《括要算法》(1712 年)中从圆周率的不足和过剩近似值 $\frac{3}{1}$ 和 $\frac{4}{1}$ 出发,对不足近似值,分子、分母分别加上 $\frac{4}{1}$ 的分子和分母;对过剩近似值,分子、分母分别加上 $\frac{3}{1}$ 的分子和分母,依次得到[1]

1　平山諦,等,主编.関孝和全集.大阪:大阪教育图书株式会社,1974.

$$\xrightarrow{\frac{3^-}{1}}\xrightarrow{\frac{7^+}{2}}\xrightarrow{\frac{10^+}{3}}\xrightarrow{\frac{13^+}{4}}\xrightarrow{\frac{16^+}{5}}\xrightarrow{\frac{19^+}{6}}\xrightarrow{\frac{22^+}{7}}\xrightarrow{\frac{25^+}{8}}\xrightarrow{\frac{29^+}{9}}\xrightarrow{\frac{32^+}{10}}$$

$$\xrightarrow{\frac{35^+}{11}}\xrightarrow{\frac{38^+}{12}}\xrightarrow{\frac{41^+}{13}}\xrightarrow{\frac{44^+}{14}}\xrightarrow{\frac{47^-}{15}}\xrightarrow{\frac{51^+}{16}}\xrightarrow{\frac{54^+}{17}}\xrightarrow{\frac{57^+}{18}}\xrightarrow{\frac{60^+}{19}}$$

$$\xrightarrow{\frac{63^+}{20}}\xrightarrow{\frac{66^+}{21}}\xrightarrow{\frac{69^-}{22}}\xrightarrow{\frac{73^+}{23}}\xrightarrow{\frac{76^+}{24}}\xrightarrow{\frac{79^+}{25}}\xrightarrow{\frac{82^+}{26}}\xrightarrow{\frac{85^+}{27}}\xrightarrow{\frac{88^+}{28}}$$

$$\xrightarrow{\frac{91^-}{29}}\xrightarrow{\frac{95^+}{30}}\xrightarrow{\frac{98^+}{31}}\xrightarrow{\frac{101^+}{32}}\xrightarrow{\frac{104^+}{33}}\xrightarrow{\frac{107^+}{34}}\xrightarrow{\frac{110^+}{35}}\xrightarrow{\frac{113^-}{36}}$$

$$\xrightarrow{\frac{117^+}{37}}\xrightarrow{\frac{120^+}{38}}\xrightarrow{\frac{123^+}{39}}\xrightarrow{\frac{126^+}{40}}\xrightarrow{\frac{129^+}{41}}\xrightarrow{\frac{132^+}{42}}\xrightarrow{\frac{135^-}{43}}\xrightarrow{\frac{139^+}{44}}$$

$$\xrightarrow{\frac{142^+}{45}}\xrightarrow{\frac{145^+}{46}}\xrightarrow{\frac{148^+}{47}}\xrightarrow{\frac{151^+}{48}}\xrightarrow{\frac{154^+}{49}}\xrightarrow{\frac{157^-}{50}}\xrightarrow{\frac{161^+}{51}}\xrightarrow{\frac{164^+}{52}}$$

$$\xrightarrow{\frac{167^+}{53}}\xrightarrow{\frac{170^+}{54}}\xrightarrow{\frac{173^+}{55}}\xrightarrow{\frac{176^+}{56}}\xrightarrow{\frac{179^-}{57}}\xrightarrow{\frac{183^+}{58}}\xrightarrow{\frac{186^+}{59}}\xrightarrow{\frac{189^+}{60}}$$

$$\xrightarrow{\frac{192^+}{61}}\xrightarrow{\frac{195^+}{62}}\xrightarrow{\frac{198^+}{63}}\xrightarrow{\frac{201^-}{64}}\xrightarrow{\frac{205^+}{65}}\xrightarrow{\frac{208^+}{66}}\xrightarrow{\frac{211^+}{67}}\xrightarrow{\frac{214^+}{68}}$$

$$\xrightarrow{\frac{217^+}{69}}\xrightarrow{\frac{220^+}{70}}\xrightarrow{\frac{223^-}{71}}\xrightarrow{\frac{227^+}{72}}\xrightarrow{\frac{230^+}{73}}\xrightarrow{\frac{233}{74}}\xrightarrow{\frac{236^+}{75}}\xrightarrow{\frac{239^+}{76}}$$

$$\xrightarrow{\frac{242^+}{77}}\xrightarrow{\frac{245^-}{78}}\xrightarrow{\frac{249^+}{79}}\xrightarrow{\frac{252^+}{80}}\xrightarrow{\frac{255^+}{81}}\xrightarrow{\frac{258^+}{82}}\xrightarrow{\frac{261^+}{83}}\xrightarrow{\frac{264^+}{84}}$$

$$\xrightarrow{\frac{267^-}{85}}\xrightarrow{\frac{271^+}{86}}\xrightarrow{\frac{274^+}{87}}\xrightarrow{\frac{277^+}{88}}\xrightarrow{\frac{280^+}{89}}\xrightarrow{\frac{283^+}{90}}\xrightarrow{\frac{286^+}{91}}\xrightarrow{\frac{289^-}{92}}$$

$$\xrightarrow{\frac{293^+}{93}}\xrightarrow{\frac{296^+}{94}}\xrightarrow{\frac{299^+}{95}}\xrightarrow{\frac{302^+}{96}}\xrightarrow{\frac{305^+}{97}}\xrightarrow{\frac{308^+}{98}}\xrightarrow{\frac{311^-}{99}}\xrightarrow{\frac{315^+}{100}}$$

$$\xrightarrow{\frac{318^+}{101}}\xrightarrow{\frac{321^+}{102}}\xrightarrow{\frac{324^+}{103}}\xrightarrow{\frac{327^+}{104}}\xrightarrow{\frac{330^+}{105}}\xrightarrow{\frac{333^-}{106}}\xrightarrow{\frac{337^+}{107}}\xrightarrow{\frac{340^+}{108}}$$

$$\xrightarrow{\frac{343^+}{109}}\xrightarrow{\frac{346^+}{110}}\xrightarrow{\frac{349^+}{111}}\xrightarrow{\frac{352^+}{112}}\xrightarrow{\frac{355^+}{113}}$$

関孝和将 $\frac{3}{1}$ 称为"古法"，$\frac{22}{7}$ 称为"密率"，$\frac{25}{8}$ 称为"智术"，$\frac{63}{20}$ 称为"桐陵法"，$\frac{79}{25}$ 称为"和古法"，$\frac{142}{45}$ 称为"陆绩率"[1]，$\frac{157}{50}$ 称为"徽率"。从上述专门名称来看，祖冲之以前中国人所用的圆周率近似值显然不限于李淳风在《隋书·律历志》中之所举。

在西方，祖冲之密率直到 1573 年才为德国人鄂图（V. Otho, 1550?—1605）重新发现，1585 年又为荷兰人安托尼兹（A. Anthonisz, 1543—1620）重新得到。值得注意的是，安托尼兹也利用了上述"调日法"[2]：取过剩近似值 $\frac{377}{120}$ 和不足近似值 $\frac{333}{106}$，分子分母各相加，即得 $\frac{355}{113}$。

第一个对中国数学家的圆周率成果作全面介绍的外国人是日本著名数学史家三上义夫（1875—1950）。早在 1910 年，三上义夫就在《数学文献》杂志上发表论文，介绍中国数学家在圆周率方面的成就。在 1913 出版的英文《中日数学发展史》中，三上义夫列专章论述中国数学家的有关结果，关于祖冲之的约率和密率，三上义夫评论道：

> 祖冲之所得约率即为好几百年前希腊阿基米德的结果；但在数学史上，密率在祖冲之以前却未曾见于世界上任何一个国家。希腊人没有这个值；印度人对其一无所知；即便是后来有学问的阿拉伯人亦未能重新发现它。在近代欧洲，直到 1585 年它才被荷兰数学家、梅丢斯之父安托尼兹获得。因此中国人拥有这个最不寻常的圆周率分数值，要比欧洲人早整整一千多年。有鉴于此，我们强烈希望将它命名为"祖冲之率"。[3]

---

1 实际上应为"王蕃率"。
2 Terquem O. Sur la quadrature du cercle. *Nouvelles Annales de Mathématiques*, 1853, 12: 298–302.
3 Mikami Y. *Development of Mathematics in China and Japan*. Leipzig, 1913: 50.

然而，20世纪20年代以来，祖冲之密率的独创性受到一些西方数学史家的怀疑和否定。

意大利的洛利亚（G. Loria, 1862—1954）认为祖冲之是从阿基米德著作中学得求圆周率方法的[1]；比利时教士赫师慎（L.van Hée, 1873—1951）否定三上义夫的结论，认为《隋书·律历志》中关于祖冲之圆周率的记载是后人"受爱国之心驱使"抄袭安托尼兹的结果而添入的，毫不足信[2]。意大利汉学家、科学史家华嘉（G. Vacca, 1872—1953）同样认为祖冲之密率是"西方的舶来品"[3]。赫师慎的说法不久即受到三上义夫的有力驳斥[4]：东京一家图书馆藏有一部1530年左右修订的《隋书》元刻本，在该版本中，关于祖冲之圆周率的那段话赫然在目！史实就是史实。不经详细考证而只是凭空怀疑、一味否定的赫师慎、洛利亚、华嘉等人的结论毕竟是站不住脚的[5]。

3.2 泥版一角

古代两河流域的陶碗以及中国仰韶文化彩陶钵上的花瓣纹表明，新石器时代的人们已经知道用圆弧来构造若干对称图形了。

大英博物馆所藏古巴比伦时期（前1800—前1600）的数学泥版BM 15285（残缺不全）上，我们看到很多圆弧或圆弧与线段所围图形的面积问题，这些问题很可能是当时祭司编制的学校数学练习

1　Loria G. The debt of mathematics to the Chinese people. *Scientific Monthly*. 1921, 12: 517–521.
2　Van Hée L. The Chhou Jen Chuan of Juan Yuan. *Isis*, 1926, 8: 103–118.
3　Vacca G. Some points on the history of science in China. *Journal of the North-China Branch of the Royal Asiatic Society*. 1930, 56: 10–19.
4　Mikami Y. The Ch'ou-Jen Chuan of Yuan Yuan. *Isis*, 1928, 11: 123–126.
5　汪晓勤. 祖冲之圆周率在西方的历史境遇. 自然杂志，2000(5): 300-304.

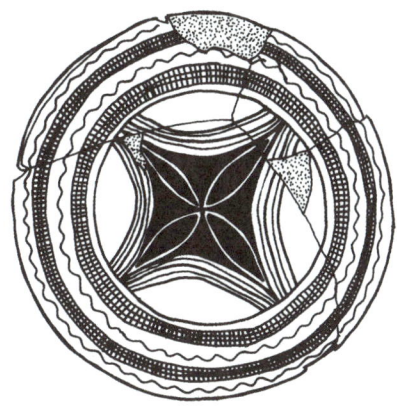

图 3-13　陶碗（两河流域，约前 5000）　　图 3-14　花瓣纹彩陶钵（中国仰韶文化）

题[1]。图 3-16 给出泥版的一小部分。所有问题涉及的图形都是在一个由 16 个方格构成的正方形中作出的，许多图形都有自己的名称。如图 3-17 所示的由一个等腰三角形和半圆面所构成的图形被称为"风筝"。可以想象，"儿童散学归来早，忙趁东风放纸鸢"的情景在草长莺飞的美索不达米亚也是常见的。如图 3-18，两圆公共部分称为"小舟"，同样可以想象，"君看一叶舟，出没风波里"也是巴比伦人的母亲河——底格里斯河和幼发拉底河的写照。四个共点圆所形成的花瓣形显然是祭司们很喜欢的图形，如图 3-19 所示。在两河流域，它有着十分悠久的历史，公元前 7 世纪的皇宫觐见室门槛上[2]，还装饰着花瓣形，有四瓣的情形，也有六瓣的情形（图 3-20）。

1　Swetz F. Mathematical pedagogy: an historical perspective. In: Katz V J (Ed.), *Using History to Teach Mathematics*. Washington: Mathematical Association of America, 2000: 11-16.
2　Robson E. The uses of mathematics in ancient Iraq, 6000-600BC. In: Selin H (Ed.), *Mathematics Across Cultures: the History of Non-Western Mathematics*. Dordrecht: Kluwer Academic Publishers, 2000: 93-113.

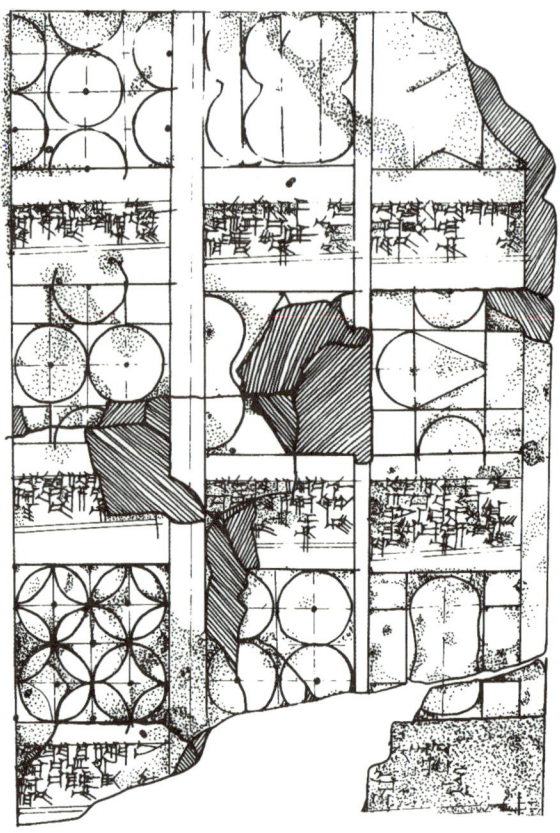

图 3-15　泥版 BM 15285

图 3-16　BM 15285 一角

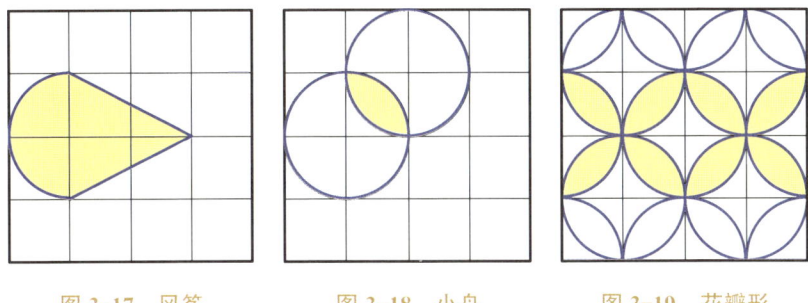

图 3-17 风筝　　　图 3-18 小舟　　　图 3-19 花瓣形

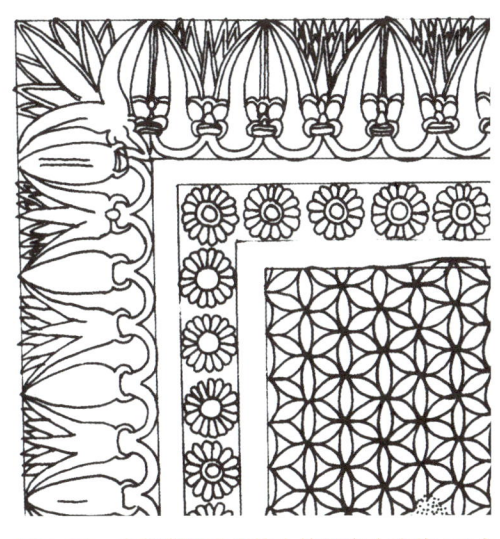

图 3-20　皇宫觐见室门槛上的图案（约前 645）

由两个 120 度弧及直径所在直线所围成的图形称为"弓形"，图 3-21 是由两个弓形所构成，即两相交圆构成的图形。图 3-22 所示三个相交圆所构成的图形也出现在同一泥版上，形状像花生。

在 BM 15285 上，有一个基本的图形，即每一个小方格中挖去四分之一圆后余下的部分，被称为"楔形"。个数不等的楔形可构成许多不同的图案。有趣的是，我们在中国仰韶文化的彩陶上也发现了图 3-23 所示的几何纹。如图 3-24，四个楔形构成的"凹四边形"被称为"牛鼻子",它由四个两两相切的四分之一圆弧所围成[1]。不难求得这些图形的面积。

虽然在泥版 BM 15285 上,我们没有见到圆弧所围其他图形的面积问题,但毕竟这只是一块偶然发掘的孤立的泥版而已。对于一个失落的古代文明里的数学,通过已经发掘的数百块泥版,我们到底能了解多少呢?那些埋藏在地下数千年、至今尚未发掘的数学泥版上又会有多少秘密呢?无论如何,我们有理由相信,巴比伦的祭司是决不会仅仅满足于上述图形的。因为他们知道长方形、三角形和直角梯形面积,也知道圆和特殊扇形的面积(当然,圆周率一般取3),风筝、小舟、楔形、牛鼻等问题对于在校学习数学的学生来说,或有相当的难度,但对于祭司来说,何难之有?不同个数、不同位置的楔形,楔形与半圆或四分之一圆,都可以构成种种不同的图形,图 3-25～图 3-29 乃是其中的一部分,这些图形几乎不会逃过祭司们的眼睛。或许,古巴比伦时期的学校数学比今天的学校数学更有趣,学生也比今天的学生更喜欢数学!

但祭司们所研究的图形很可能仅仅局限于半径相等的圆弧,这使他们与更多有趣的图形失之交臂。继古巴比伦祭司之后,对圆弧所围图形做研究的是古希腊数学家。公元前 5 世纪,希波克拉底(Hippocrates)在研究化圆为方问题时,求得了某些特殊弓月形的面积。在图 3-30 中,希波克拉底发现,等腰直角三角形斜边上的半圆与以直角顶点为圆心、直角边为半径的四分之一圆弧所围成的弓月形面积与等腰直角三角形的面积相等。在图 3-31 中,希波克拉底发现,大圆内接正六边形相邻三边上的小半圆与大圆所围成的三个弓月形连同其中一个小半圆的面积与等腰梯形面积相等[2]。

---

1 http://motivate.maths.org/conferences/conf88/bm15285-trans.doc.
2 Heath T L. *A History of Greek Mathematics*. London: Oxford University Press, 1921.

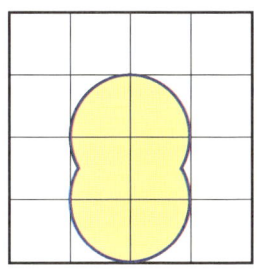
图 3-21 弓形之一

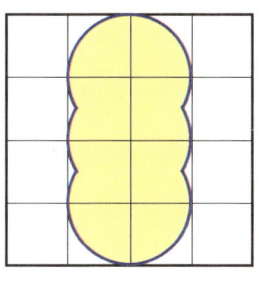
图 3-22 弓形之二

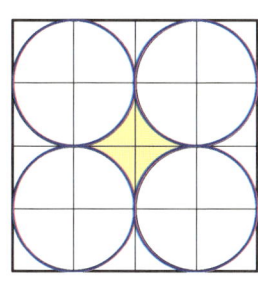
图 3-23 牛鼻形

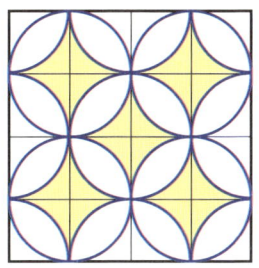
图 3-24 "五牛之会"

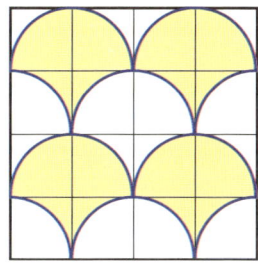
图 3-25 两个楔形与一个半圆

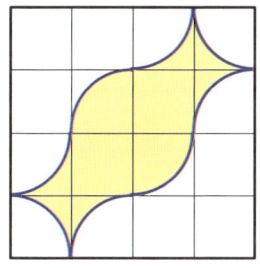
图 3-26 两个牛鼻与一个圆

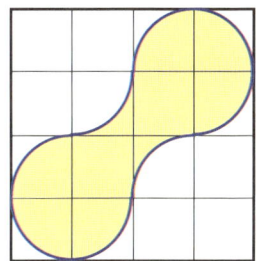
图 3-27 一个牛鼻与两个圆

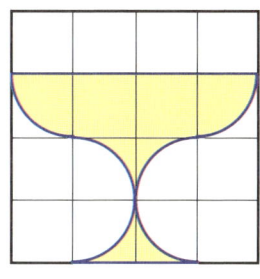
图 3-28 四个楔形、两个四分之一圆和两个小正方形

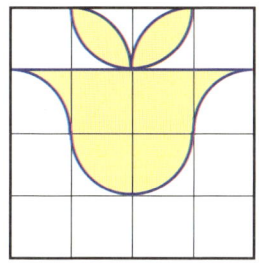
图 3-29 两个楔形、两只船与一个半圆

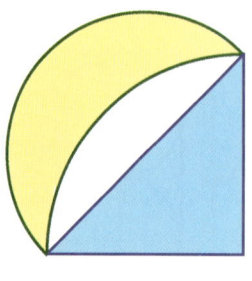
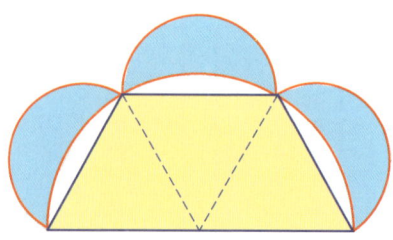

图 3-30　弓月形之一　　　图 3-31　弓月形之二

之后，大数学家阿基米德也研究过若干半圆所围成的有趣图形。如图 3-32，大半圆直径上的一点将直径分成两段，在每一段上作半圆，则三个半圆所围成的图形叫"鞋匠刀形"。阿基米德发现，鞋匠刀形的面积恰好等于以图中大圆的半弦为直径的圆面积。如图 3-33，将大半圆直径分成三段（其中左右两段相等），在左右两段上分别作半圆（与大半圆同侧），在中间一段上作半圆（与大半圆异侧），则四个半圆所围成的图形叫"盐瓶形"[1]。阿基米德发现，这个盐瓶形的面积恰好等于以大半圆直径中垂线介于大半圆和中间小半圆之间的线段为直径的圆面积。

文艺复兴时期，意大利艺术大师达·芬奇研究过圆弧所围成的许多图形的面积问题，如图 3-34，达·芬奇用出入相补的方法求得图 3-34 中每一片"银杏叶"的面积[2]。达·芬奇还求得了图 3-35 所示的"猫眼"图（阴影部分）的面积。他发现，阴影部分实际上就是两个希波克拉底弓月形，故其面积等于圆外切正方形面积之半（图 3-36）。当然，我们也可以像古代巴比伦人那样求出中间小船形的面积。

1　Heath T L. *A History of Greek Mathematics*. London: Oxford University Press, 1921.
2　Fauvel J, van Maanen J. *History in Mathematics Education*. Dordrecht: Kluwer Academic Publishers, 2000.

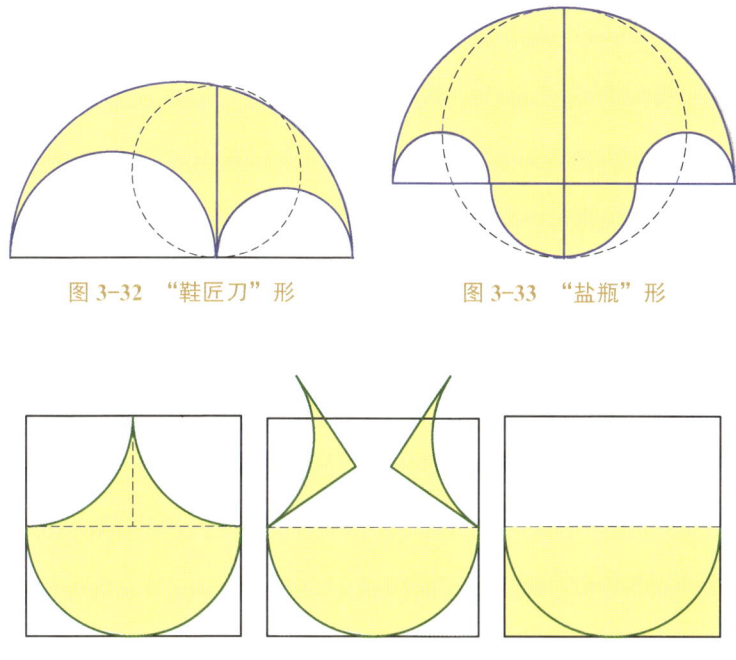

图 3-32 "鞋匠刀"形　　　图 3-33 "盐瓶"形

图 3-34 "银杏叶"的面积：达·芬奇的求法

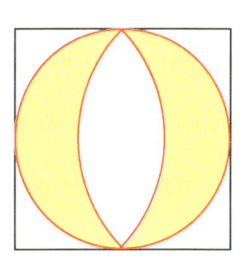 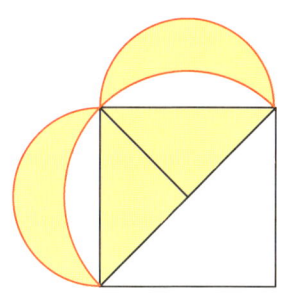

图 3-35 达·芬奇的"猫眼"　　　图 3-36 猫眼图的变形

尽管古巴比伦祭司所拥有的数学知识与古希腊之后的数学家已不可同日而语，但如果追寻圆弧所围图形的历史，我们会发现：后人一直是在沿着祭司们的足迹前进。尽管岁月沧桑，物换星移，但人们对美的追求是不变的！

3.3 精彩纷呈

用经典的几何方法来求圆周率是很不容易的。在德国数学家固灵（L. van Ceulen，1540—1610）的墓碑上，刻着他生前焚膏继晷、夜以继日算出的 35 位圆周率值。这是固灵所生活的时代的最佳结果。

到了 17 世纪，微积分诞生了，圆周率计算进入了分析时代。各种公式层出不穷，圆周率的精度日益提高。

$$\frac{\pi}{2} = \frac{1}{\sqrt{\frac{1}{2}} \cdot \sqrt{\frac{1}{2}+\frac{1}{2}\sqrt{\frac{1}{2}}} \cdot \sqrt{\frac{1}{2}+\frac{1}{2}\sqrt{\frac{1}{2}+\frac{1}{2}\sqrt{\frac{1}{2}}}} \cdots} \quad （韦达，1592）$$

$$\frac{\pi}{4} = \frac{2\cdot 4\cdot 4\cdot 6\cdot 6\cdot 8\cdot 8\cdot 10\cdot 10\cdot 12\cdot 12\cdots}{3\cdot 3\cdot 5\cdot 5\cdot 7\cdot 7\cdot 9\cdot 9\cdot 11\cdot 11\cdot 13\cdots} \quad （沃利斯，1655）$$

$$\frac{\pi}{4} = \cfrac{1}{1+\cfrac{1^2}{2+\cfrac{3^2}{2+\cfrac{5^2}{2+\cfrac{7^2}{2+\cfrac{9^2}{2+\cdots}}}}}} \quad （布劳内克，1658）$$

$$\frac{\pi}{4} = 1 - \frac{1}{3} + \frac{1}{5} - \frac{1}{7} + \frac{1}{9} - \cdots \quad （莱布尼茨）$$

尽管这个级数是最美的交错级数，但很遗憾，它的收敛速度慢得出奇：

$n = 100$ 3.131592903

$n = 1000$ 3.131592902

$n = 10000$ 3.141492653

$n = 100000$ 3.141582653

$$\frac{\pi}{4} = 4\arctan\frac{1}{5} - \arctan\frac{1}{239} \quad \text{(马青)}$$

$$\pi = \frac{3\sqrt{3}}{4} + 24\left(\frac{1}{3 \cdot 2^3} - \frac{1}{5 \cdot 2^5} - \frac{1}{7 \cdot 2^7} - \frac{1}{9 \cdot 2^9} - \cdots\right) \quad \text{(牛顿)}$$

$$\frac{\pi^2}{6} = 1 + \frac{1}{2^2} + \frac{1}{3^2} + \frac{1}{4^2} + \cdots \quad \text{(欧拉)}$$

上面最后一个公式是欧拉年轻时最漂亮的成果之一。等式右边级数的收敛速度较莱布尼茨交错级数要快得多，见表 3-3。

表 3-3 欧拉自然数平方倒数级数的部分和

n	π 的近似值
100	3.132076531
1000	3.140638056
10000	3.141497163
100000	3.141583104
1000000	3.141591698
10000000	3.141592558
100000000	3.141592644
1000000000	3.141592652

$$\frac{1}{\pi} = \sum_{n=0}^{\infty} (C_{2n}^{n}) \frac{42n+5}{2^{12n+4}}$$

$$\frac{2}{\pi} = 1 - \left(\frac{1}{2}\right)^3 + 9\left(\frac{1 \times 3}{2 \times 4}\right)^3 - 13\left(\frac{1 \times 3 \times 5}{2 \times 4 \times 6}\right)^3 + \cdots$$

$$\frac{4}{\pi} = 1 + \left(\frac{1}{2}\right)^2 + \left(\frac{1}{2\times 4}\right)^2 + \left(\frac{1\times 3}{2\times 4\times 6}\right)^2 + \left(\frac{1\times 3\times 5}{2\times 4\times 6\times 8}\right)^2 + \cdots$$

$$\frac{1}{\pi} = \frac{1}{72}\sum_{n=0}^{\infty}(-1)^n\frac{(4n)!}{(n!)^4 4^{4n}}\frac{(4n)!(23+260n)}{18^{2n}}$$

$$\frac{1}{\pi} = \frac{1}{3258}\sum_{n=0}^{\infty}(-1)^n\frac{(4n)!}{(n!)^4 4^{4n}}\frac{(1123+21460n)}{882^{2n}}$$

$$\frac{1}{\pi} = 12\sum_{n=0}^{\infty}(-1)^n\frac{(6n)!}{(3n)!(n!)^3}$$

$$\frac{1}{[5280(236674+30303\sqrt{61})]^{3n+3/2}}\Big((1657145277365+212175710912\sqrt{61})+ (107578229802750+13773980892672\sqrt{61})n\Big)$$

$$\frac{\pi}{6} = \frac{1}{\sqrt{3}} + \left(1 - \frac{1}{3\cdot 3} + \frac{1}{3^2\cdot 5} - \frac{1}{3^3\cdot 7} + \frac{1}{3^4\cdot 9} - \frac{1}{3^5\cdot 11} + \cdots\right)$$

(夏普，1717)

$$\frac{1}{\pi} = \frac{2\sqrt{2}}{9801}\sum_{n=0}^{\infty}\frac{(4n)!(1103+26390n)}{(n!)^4 396^{4n}}$$

(拉马努金)

印度数学天才拉马努金 (S. A. Ramanujan, 1887—1920) 的这个级数具有惊人的收敛速度。1985 年，戈斯帕 (B. Gosper) 利用它计算出 π 的 17000000 位！

$$\frac{1}{\pi} = 12\sum_{n=0}^{\infty}\frac{(-1)^n(6n)!(13591409+545140134n)}{(3n)!(n!)^3 640320^{3n+3/2}}$$ (丘德诺夫斯基兄弟)

$$\pi = \sum_{n=0}^{\infty}\frac{1}{16^n}\left(\frac{4}{8n+1} - \frac{2}{8n+4} - \frac{1}{8n+5} - \frac{1}{8n+6}\right)$$

$$\pi^2 = \sum_{n=0}^{\infty} \frac{1}{16^n} \left(\frac{16}{(8n+1)^2} - \frac{16}{(8n+2)^2} - \frac{8}{(8n+3)^2} - \frac{16}{(8n+4)^2} \right.$$
$$\left. - \frac{4}{(8n+5)^2} - \frac{4}{(8n+6)^2} + \frac{2}{(8n+7)^2} \right)$$

1949 年，美国著名数学家冯·诺伊曼（John von Neumann, 1903—1957）利用 ENIAC 算得 2037 位，耗时 70 小时，标志着圆周率计算进入计算机时代。1955 年，美国海军军械研究中心 (NORC) 利用计算机算得 3089 位，耗时 13 分钟。计算机时代的历史纪录如表 3-4。

图 3-37 ENIAC

表 3-4 计算机时代的圆周率历史纪录

时间	作者	位数
1957	费尔顿（G. Felton）	7480
1958	热尼（F. Genuys）	10000

续表

时间	作　者	位　数
1958	费尔顿	10021
1959	热尼	16167
1961	丹尼尔·尚克斯（Daniel Shanks）和伦奇（J. Wrench）	100265
1966	吉尤（J. Guilloud）和菲利亚特（J. Filliatre）	250000
1967	吉尤和迪尚（Dichampt）	500000
1973	吉尤和布耶（M. Bouyer）	1001250
1981	三好和金田（康正）	2000036
1982	吉尤	2000050
1982	田村	2097144
1982	田村和金田	4194288
1982	田村和金田	8388576
1982	金田、吉野和田村	16777206
1983	宇城和金田	17013395
1985	戈斯帕（B. Gosper）	17526200
1986	贝利（D. Bailey）	29360111
1986	金田和田村	33554414
1986	金田和田村	67108839
1987	金田和田村等	134217700
1988	金田和田村	201326551
1989	丘德诺夫斯基兄弟（Chudnovskys）	480000000
1989	丘德诺夫斯基兄弟	525229270
1989	金田和田村	536870898

续 表

时间	作 者	位 数
1989	丘德诺夫斯基兄弟	1011196691
1989	金田和田村	1073741799
1991	丘德诺夫斯基兄弟	2260000000
1994	丘德诺夫斯基兄弟	4044000000
1995	高桥和金田	3221225466
1995	高桥和金田	4294967286
1995	高桥和金田	6442450938
1996	丘德诺夫斯基兄弟	8000000000
1997	高桥和金田	51539600000
1999	高桥和金田	68719470000
1999	高桥和金田	206158430000
2002	高桥等	1241100000000

我们有理由相信，圆周率的计算永不会停止，因为，人类的好奇心是永远无法得到满足的！

3.4 世界纪录

世界各地都有背诵圆周率的诗歌（每个单词的字母数对应圆周率的一位数字）如：

Kur e shoh e mesoj sigurisht.（阿尔巴尼亚语）

Kak e leco i bqrzo izchislimo pi, kogato znaesh kak.（保加利亚语）
Iye 'P' naye 'I' ndivo vadikanwi. 'Pi' achava mwana.（津巴布韦语）

Eva, o lief, o zoete hartedief uw blauwe oogen zyn wreed bedrogen. (荷兰语)

How I wish I could enumerate pi easily, since all these horrible mnemonics prevent recalling any of pi's sequence more simply. (英语)

Sir, I bear a rhyme excelling

In mystic force and magic spelling

Celestial sprites elucidate

All my own striving can't relate. (英语)

Now I, even I, would celebrate

In rhymes unapt, the great

Immortal Syracusan, rivaled nevermore,

Who in his wondrous lore,

Passed on before,

Left men his guidance

How to circles mensurate. (英语)

Now I know a spell unfailing

An artful charm for tasks availing

Intricate results entailing

Not in too exacting mood.

(Poetry is pretty good). Try the talisman.

Let be adverse ingenuity. (英语)

How I want a drink, alcoholic of course, after the heavy chapters involving quantum mechanics. One is, yes, adequate even enough to induce some fun and pleasure for an instant, miserably brief. (英语)

Que j'aime à faire apprendre

Un nombre utile aux sages!

Glorieux Archimède, artiste ingénieux,

Toi,de qui Syracuse loue encore le mérite! (法语)

Que j'aime à faire apprendre un nombre utile aux sages!

Immortel Archimède, artiste ingénieux

Qgement peut priser la valeur?

Pour moi ton problème eut de pareils avantages. (法语)

Wie o! dies π

Macht ernstlich so vielen viele Müh!

Lernt immerhin, Jünglinge, leichte Verselein,

Wie so zum Beispiel dies dürfte zu merken sein! (德语)

Dir, o Held, o alter Philosoph, du Riesen-Genie!

Wie viele Tausende bewundern Geister,

Himmlisch wie du und göttlich!

Noch reiner in Aeonen

Wird das uns strahlen

Wie im lichten Morgenrot! (德语)

Che n'ebbe d'utile Archimede da ustori vetri sua somma scoperta? (意大利语)

Kto v mgle I slote

Vagarovac ma ochote,

Chyba ten ktory

Ogniscie zakochany,

Odziany vytwornie,

Gna do nog bogdanki

Pasc kornie. (波兰语)

Sou o medo e temor constante do menino vadio. (葡萄牙语)

Asa e bine a scrie renumitul si utilul numar. (罗马尼亚语)

Sol y Luna y Cielo proclaman al Divino Autor del Cosmo. (西班牙语)

Soy π lema y razón ingeniosa

De hombre sabio que serie preciosa

Valorando enunció magistral

Con mi ley singular bien medido

El grande orbe por fin reducido

Fue al sistema ordinario cabal. (西班牙语)

Ack, o fasa, π numer fœrringas

Ty skolan låter var adept itvingas

Räknelära medelst räknedosa

Och sa ges tilltron till tabell en dyster kosa.

Nej, låt istallet dem nu tokpoem bibringas!（瑞典语）

圆周率成了人类记忆的试金石。表 3-5 列出了圆周率记忆的历史纪录。

表 3-5　圆周率的背诵纪录

时间	人　物	国　籍	位　数
?	戴维·理查德·斯潘塞（David Richard Spencer）	加拿大	511
1973	奈杰尔·霍奇斯（Nigel Hodges）	英国	930
1973	弗雷德·格雷厄姆（Fred Graham）	加拿大	1111
1973	蒂莫西·皮尔逊（Timothy Pearson）	英国	1210
1974	爱德华·伯布里克（Edward C. Berberich）	美国	1505
1974	迈克尔·约翰·波尔特尼（Michael John Poultney）	英国	3025
1975	西蒙·普劳费（Simon Plouffe）	加拿大	4096
1977	迈克尔·约翰·波尔特尼	英国	5050
1978	戴维·桑克（David Sanker）	美国	6350
1978	戴维·桑克	美国	10000
1979	戴维·菲奥里（David Fiore）	美国	10625
1979	汉斯·埃伯斯塔克（Hans Eberstark）	奥地利	11944
1979	有赖秀昭	日本	15151

续　表

时间	人　物	国　籍	位　数
1979	克赖顿·卡尔韦洛（Creighton Carvello）	英国	15186
1979	有赖秀昭	日本	20000
1980	克赖顿·卡尔韦洛	英国	20013
1985	拉詹·马哈德万（Rajan Mahadevan）	印度	31811
1987	有赖秀昭	日本	40000
1995	后藤敬之	日本	42195
2005	原口证	日本	83431
2006	原口证	日本	100000

1995 年 2 月，日本游戏设计师后藤敬之（Hiroyuki Goto, 21 岁）花 9 小时背出 42195 位，创造了吉尼斯纪录。十年后，日本退休工程师、心理健康顾问原口证（Akira Haraguchi）刷新纪录，背出 83431 位。2006 年，原口证打破自己创造的纪录，成功背出 100000 位！这是迄今为止的最好的纪录。

3.5　小趣闲觅

从实用的角度说，利用计算机所得到的圆周率值并没有什么意义。但是，人们试图在其中寻找某种规律。

π 的一百万小数位数包括了 99959 个 0、99758 个 1、100026 个 2、100229 个 3、100230 个 4、100359 个 5、99548 个 6、99800 个 7、99985 个 8 以及 100106 个 9。表 3-6 分别给出了前一千万、一亿、十亿、百亿、千亿、万亿小数位数中各个数字出现的频数。

表 3-6　圆周率小数部分中各数字的出现频数

数字	$1\sim10^6$	$1\sim10^7$	$1\sim10^8$	$1\sim10^9$	$1\sim10^{10}$	$1\sim10^{11}$	$1\sim10^{12}$
0	99959	999440	9999922	99993942	999967995	10000104750	99999485134
1	99758	999333	10002475	99997334	10000037790	9999937631	99999945664
2	100026	1000306	10001092	100002410	10000017271	10000026432	100000480057
3	100229	999964	9998442	99986911	999976483	9999912396	99999787805
4	100230	1001093	10003863	100011958	999937688	10000032702	100000357857
5	100359	1000466	9993478	99998885	10000007928	9999963661	99999671008
6	99548	999337	9999417	100010387	999985731	9999824088	99999807503
7	99800	1000207	9999610	99996061	1000041330	10000084530	99999818723
8	999985	999814	10002180	100001839	9999991772	100001571175	100000791469
9	100106	1000040	9999521	100000273	1000036012	9999956635	99999854780

一些特殊数字串，如 111111111111、123456789 等所出现的位置如表 3-7 所示。

表 3-7　圆周率小数部分中特殊数字串出现的位置

重复数字	出现位置
777777777777	第 368299898266 位
999999999999	第 897831316556 位
111111111111	第 1041032609981 位
888888888888	第 1141385905180 位
666666666666	第 1221587715177 位
01234567890	第 53217681704 位
01234567890	第 148425641592 位
01234567890	第 461766198041 位
01234567890	第 542229022495 位
01234567890	第 674836914243 位
01234567890	第 731903047549 位
01234567890	第 751931754993 位
01234567890	第 884326441338 位
01234567890	第 1073216766668 位

人们也找到了关于圆周率的许多巧合，如：

π 的前 144 个位数加起来等于 666，而 144 恰好等于 $(6+6)\times(6+6)$；

大象的高度（从足到肩）等于 $2\times\pi\times$ 象足的直径。

π 的十亿个位数若以平常的形式印刷，则它的长度将长达一千两百英里；

数值上的巧合：

$\sqrt{2}+\sqrt{3}\approx 3.14626436994$

$\dfrac{333}{106}=3.141509433962264$

$1.1\times 1.2\times 1.4\times 1.7=3.1416$

$1.09999901\times 1.19999911\times 1.39999931\times 1.69999961\approx 3.141592573$

$\dfrac{47^3+20^3}{30^3}-1\approx 3.141592593$

$\sqrt[4]{97+\dfrac{9}{22}}\approx 3.1415926525826461252060371 79644$

$\sqrt[5]{\dfrac{77729}{254}}\approx 3.1415926541$

$\sqrt[3]{31+\dfrac{62^2+14}{28^4}}\approx 3.14159265363$

$\dfrac{1700^3+82^3-10^3-9^3-6^3-3^3}{69^3}\approx 3.1415926535881$

$\sqrt[4]{100-\dfrac{2125^3+214^3+30^3+37^3}{82^5}}\approx 3.141592653589780$

$\dfrac{9}{5}+\sqrt{\dfrac{9}{5}}\approx 3.1416407864998738$

$\dfrac{19\sqrt{7}}{16}\approx 3.1418296818892$

$\left(\dfrac{296}{167}\right)^2\approx 3.14159704543$

$$2+\sqrt{1+\left(\frac{413}{750}\right)^2} \approx 3.141592920$$

$$\left(\frac{63}{25}\right)\left(\frac{17+15\sqrt{5}}{7+15\sqrt{5}}\right) \approx 3.14159265380$$

$$\sqrt[4]{9^2+\frac{19^2}{22}} = 3.141592652\cdots$$

$$2+\sqrt[4]{4!} = 3.141586440\cdots$$

$$\sqrt[4]{\frac{2143}{22}} = 3.141592652\cdots$$

$$\sqrt[3]{31+\frac{25}{3983}} = 3.1415926534\cdots$$

$$\sqrt[3]{31} = 3.14123806\cdots$$

$$\left[\sqrt{\sqrt{\cdots\sqrt{7}}}\right]^{\sqrt{9!}} = 3.141603591\cdots$$

$$\left[\sqrt{\sqrt{\cdots\sqrt{7}}}\right]^{\sqrt{9!-\sqrt{4!}}} = 3.141592624\cdots$$

关于圆周率，还有一些悬而未决的问题，如：

问题 1：在 π 中，0, 1, 2, 3, 4, 5, 6, 7, 8, 9 是否都会出现无穷多次？

问题 2：布劳威尔（L. E. J. Brouwer, 1881—1966）问题：在 π 展开中，是否会有连续 1000 个零？

问题 3：在 π 中，是否每一位数出现的频率相等？

问题 4：π 是否正则？即在 π 展开中，对于每一种进位制，是否每一给定长度的位数出现的频率相等？

问题 5：如果 π 是正则的，那么前 100 万位将从某点开始重复出现。会从第几位开始呢？

3.6 并非玩笑

1963 年诺贝尔奖得主、匈牙利-美国著名数学家和物理学家威格纳（E. Wigner, 1902—1995）在一篇论文中谈到这样一则故事：两位高中同学谈到他们的工作，其中一位从事统计工作，研究人口趋势，将他的一篇论文拿给旧日同窗看，那篇论文开篇首先谈到高斯分布曲线。这位统计人员向旧日同窗解释代表实际人口和平均人口数目的各种符号的意义，但他的老同学有点难以置信，

图 3-38　威格纳

不能肯定是否在开玩笑，就反问统计人员："你怎样学会这些？这个符号又是什么？"统计人员回答说："噢！这是圆周率。""那是什么？""那是圆的周长和直径的比。"那位老同学就说："好呵！现在我才晓得你这个玩笑开得太大了，人口实在和圆周长毫无关系呀！"

无独有偶，19 世纪英国数学家德摩根（A. de Morgan, 1806—1871）也讲述了一则真实的故事：一位朋友去他家拜访他，看到桌子上有一篇论文的清样稿。这篇论文研究的是某地区人口经过一段时间之后，仍然活在世上的人数位于某区间内的概率，德摩根用 π 来表达他的结果。那位朋友指着那个希腊字母问："这是什么？"德摩根答："Pi。"朋

友再问:"π 表示什么呢?""圆周率。"德摩根回答道。"圆周率是什么呢?""圆周长与直径之比。"那位朋友很吃惊:"噢,我亲爱的朋友!这一定是个误会;圆怎么可能与一定时间之后仍活在世上的人数有关系呢?""我无法证明给你看,但这确实已得到证明。"德摩根回答。"噢,无稽之谈!我觉得你用微积分能证明任何事情。凭空虚构的事,靠它都能成立。"[1]

3.7 连续复利

自从人类有了贫富差距,借贷现象就应运而生。在约公元前1700年的古巴比伦泥版上有这样一个问题:以 20% 的年息贷钱给人,何时连本带利翻一番?如果一年复利一次,那么一年后的本利和为 $1+0.2=1.2000000000$;如果每半年复利一次,那么一年后的本利和为

$$\left(1+\frac{0.2}{2}\right)^2 = 1.2100000000$$

比一年复利一次多了点;如果一个季度复利一次,那么一年后的本利和为

$$\left(1+\frac{0.2}{4}\right)^4 = 1.2155062500$$

比半年复利一次又多了点;如果每月复利一次,那么一年后的本利和为

$$\left(1+\frac{0.2}{12}\right)^{12} = 1.2193910849\cdots$$

---

[1] De Morgan A. *A Budget of Paradoxes.* Chicago: The Open Publishing Co, 1915: 285–286.

比一季度复利一次又多了点；如果每天复利一次，那么一年后的本利和为

$$\left(1+\frac{0.2}{365}\right)^{365} = 1.2213358581\cdots$$

比每月复利一次又多了点。如果每时、每分、每秒复利，一年后的本利和分别为

$$1.2213999696\cdots 、1.2214027117\cdots 、1.2214027574\cdots$$

从上面的计算可以看出，年率一定，分期复利，周期缩短，本利和缓慢增大；但无论周期怎么缩短，本利和并不会无限制地增大，而是有一个"封顶"，永远超过不了。这个封顶就是时时刻刻都在复利时一年后的本利和，用数学语言来讲就是周期趋向于零时一年后本利和的极限。稍懂点微积分就能算出这个极限等于

$$e^{0.2} = 1.2214027581\cdots$$

它的底数 e 是在年息 100%、每时每刻连续复利的情况下，1 元钱一年后的本利和，相应复利周期下的本利和分别为：

$$\left(1+\frac{1}{1}\right)^{1} = 2.000000000$$

$$\left(1+\frac{1}{2}\right)^{2} = 2.250000000$$

$$\left(1+\frac{1}{4}\right)^{4} = 2.441406250$$

$$\left(1+\frac{1}{12}\right)^{12} = 2.613035290\cdots$$

$$\left(1+\frac{1}{365}\right)^{365} = 2.714567482\cdots$$

$$\left(1+\frac{1}{8760}\right)^{8760} = 2.718126691\cdots$$

....

每时每刻连续复利的情况下，本利和等于极限

$$e = \lim_{n\to\infty}\left(1+\frac{1}{n}\right)^n = 2.7182818284\cdots$$

它就是自然对数的底。18 世纪，欧拉首次用字母 e 来表示它，一直沿用至今。

我们不知道巴比伦人是否考虑过连续复利的问题，但肯定的是，他们并不知道 e 这个数。直到 1683 年，瑞士著名数学家雅各·伯努利在研究连续复利时，才意识到问题需以 $\left(1+\frac{1}{n}\right)^n$ 当 $n\to\infty$ 时的极限来解决，但伯努利只估计出这个极限在 2 和 3 之间。欧拉利用无穷级数

$$1+\frac{1}{1}+\frac{1}{1\times 2}+\frac{1}{1\times 2\times 3}+\frac{1}{1\times 2\times 3\times 4}+\cdots$$

首次算出 e 的 18 位近似值，还利用连分数证明了 e 是个无理数。1873 年，法国著名数学家埃尔米特（C. Hermite, 1822—1901）证明了 e 是一个超越数。

3.8 真伪之辨

第二次世界大战后期，盟军收复比利时之后，荷兰保安人员开始搜捕纳粹同党。在一家曾经把许多艺术品卖给德国人的公司的档案中，

他们发现了一位银行家的名字，他曾是将 17 世纪荷兰著名画家简·弗美尔（Jan Vermeer, 1632—1675）的油画《奸妇》（Woman Taken in Adultery）出售给纳粹头目戈林（H. Göring）的中间人。从银行家口中还得知，他是荷兰三流画家范米格伦（H. A. Van Meegeren, 1889—1947）的代表。

图 3-39　范米格伦的伪造作品《奸妇》

1945 年 5 月 29 日，范米格伦被控犯有通敌罪而被捕入狱。同年 7 月 12 日，范米格伦在狱中传出震惊世人的话，声称他从不曾把《奸妇》真品卖给戈林。他还说，这幅画和另一幅名画《艾牟斯的信徒》（Disciples at Emmaus），还有其他四幅冒充弗美尔真迹的油画以及两幅冒充 17 世纪荷兰画家德胡斯（P. de Hoogh, 1629—1684）真迹的油画都是他自己的作品！人们都认为范米格伦在撒谎，其目的是逃避叛国罪。为证明自己所说属实，范米格伦在狱中开始伪造弗美尔的作品《耶稣在医生们中间》（Jesus Amongst the Doctors），试图证实：他的确是伪造弗美尔作品的高手。

然而，当这幅画接近尾声的时候，范米格伦获悉，他的通敌罪已

图 3-40　法庭上的范米格伦

图 3-41　范米格伦在伪造《耶稣在医生们中间》

图 3-42　范米格伦的伪造作品《艾牟斯的信徒》

被改为伪造罪。于是,他拒绝最后完成这幅画并将画变古,以使调查者们不能发现其中的秘密。

为了解决这个问题,由著名化学家、物理学家和艺术史家受命组成国际专案小组,来调查这个秘密。专案小组用X光透视画件,以确定这些伪画是否画在旧画之上。另一方面,他们对画上所用的颜料和画上的某些陈迹进行了分析。

然而,范米格伦对于这些鉴定方法知悉颇详,为了避免被发现,他将不值钱的古画的颜料括去,仅保留画布,而尝试使用弗美尔可能使用过的颜料。范米格伦也熟知旧的油彩非常硬,也无法溶解。因此,他很狡猾地将一种名叫Phenol formaldehyde的化学物质混入油彩里,然后当完成的油画在烤箱中加热时,油画就会硬化,因而他人不易知道那是伪画了。

智者千虑,必有一失。范米格伦在他的几幅伪画中有所疏忽。鉴定小组发现了一种现代颜料钴蓝的踪迹。另外,他们在数幅画中也发现了Phenol formaldehyde,这种物质直到19世纪初才被发现。基于这些证据,范米格伦于1947年10月12日被判伪造名画罪,入狱一年。在狱期间,他的心脏病发作,于1947年12月30日去世。

但是,面对这些证据,仍有许多人拒绝相信名画《艾牟斯的信徒》是范米格伦所伪造的,因为其他赝品和范米格伦近乎完成的《耶稣在医生们中间》的质量都相当低劣。他们认为,《艾牟斯的信徒》的创作者绝对不会画出如此拙劣的作品。事实上,该作品曾于1937年被著名艺术史家布雷丢斯(A. Bredius)鉴定为弗美尔的真迹,而被伦勃朗学会以300000美元的高价购得。鉴定小组对这些持怀疑态度的人的答复是:范米格伦对于他在艺术界毫无地位深感失望,他在画《艾牟斯的信徒》时,竭尽全力,为的是证明自己并非三流画家。在完成这幅杰作之后，他的意志力就消失了。同时，既然《艾牟斯的信徒》已证明了他的绘画水平，他就不再那么认真地对待其他伪画了。这种解释并不能使怀疑者们信服，他们希望有完全科学的和令人信服的证据，以证实《艾牟斯的信徒》是伪画。

1967 年，美国卡耐基·梅隆大学的科学家们进行了这项研究。研究的数学工具是微分方程[1]，而 e 正是其中的主角。e 又一次闪亮登场了。

3.9　孰与争锋

数学上除了两个十分重要的函数——自然指数函数、自然对数函数与 e 有关外，还有一个重要的函数——双曲函数离不开 e。这种函数之一的表达式是：

$$y = \cosh x = \frac{e^x + e^{-x}}{2}$$

双曲函数有着广泛的实际应用，它就存在于我们的身边。在公园里或街道旁，常能看见成排的水泥和金属柱子之间两两连以铁链，你是否想过自然下垂的铁链形状是什么曲线？

也许你怎么看都会想到抛物线。其实，你只是重复了历史上数学家的错误而已。17 世纪意大利著名天文学家伽利略、荷兰著名数学家吉拉尔都曾误认为链条自然下垂时的形状是抛物线。连雅各·伯努利这样的一流数学家都一筹莫展。后来，德国大数学家莱布尼茨正确地给出了铁链的曲线方程：$y = a \cosh \dfrac{x}{a}$，这正是一条双曲余弦曲线。接着，雅各·伯努利的弟弟约翰·伯努利（John Bernoulli, 1667—1748）

---

[1] Braun M. *Differential Equations and Their Applications.* New York: Springer-Verlag, 1993: 11-17. 参阅：林朝枝. 伪画鉴定. 数学传播，1983，7（3）：11-16.

图 3-43 自然下垂的铁链

图 3-44 夜色中的香港青马大桥

也成功解决了悬链线问题。年仅 24 岁、刚拿到博士学位、新婚不久的约翰带着自己的得意之作来到巴黎,悬链线成了他跻身以哲学家和数学家马勒布朗士(N. Malebranche, 1638—1715)为中心的法国学术界的通行证。

法国著名昆虫学家、自称"蛛网测量员"的法布尔在其《昆虫记》第九卷中有一段文字专门讲 e 这个神奇的数[1]:

> 每当地心引力和扰性同时发生作用时,悬链线就在现实中出现了。当一条悬链弯曲成两点不在同一垂直线上的曲线时,人们便把这曲线称为悬链线。这就是一条软绳子两端抓住而垂下来的形状;这就是一张被风吹鼓起来的船帆外形的那条线条,这就是母山羊奔拉下来的乳房装满后鼓起来的弧线。而这一切都需要 e 这个数。
>
> 一小段线头里有多么深奥的科学啊!我们不要对此感到惊奇。一个挂在线端的小铅丸,一滴沿着麦秸淌的露水,一洼被微风轻拂吹皱的水面,总之,随便什么东西,当必须加以计算的时候,都要用上大量的数字。我们要有海格立斯的狼牙棒,才能够降伏一只小飞虫。
>
> 现在,这个奇妙的数 e 又出现了,就写在蜘蛛丝上。在一个浓雾弥漫的清晨,让我们检视一下夜间刚刚织好的网吧。粘性的蜘蛛丝,负着水滴的重量,弯曲成一条条悬链线,水滴随着曲线

图 3-45　挂满水珠的蜘蛛网

---

[1] 法布尔. 昆虫记(卷九). 鲁京明,梁守锵,等,译. 广州:花城出版社,2001:100-101.

的弯曲排成精致的念珠，整整齐齐，晶莹剔透。当阳光穿过雾气，整张带着念珠的网映出彩虹般的亮光，就像一丛灿烂的宝石。e 这个数是多么地辉煌！

瞧！连蜘蛛网都有如此美丽的时刻，如果我们用数学的眼光去看这个世界，甭提她有多美了。谁会有理由不热爱这个世界，热爱自己的生命呢？

你小时候也许都吹过肥皂泡吧！信不信由你，介于空中两个平行圆面之间的肥皂膜就是上述悬链线绕一条轴旋转而成的旋转体。

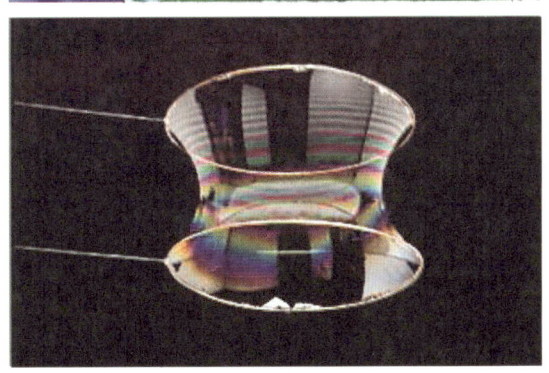

图 3-46　肥皂膜上的悬链线

乡间旅行时，你看到过石拱桥了吗？石拱是什么形状的？也许你会说，是半圆形或抛物线形。如果你是学建筑的，这样幼稚的问题当然难不倒你。20世纪40年代以来，西方桥梁建筑中出现了先进的悬链线形拱桥，可谓坚不可摧。

在美国密苏里州密西西比河畔，矗立着一座高耸的拱门，该拱门由芬兰—美国建筑师萨里南（Eero Saarinen）和结构工程师班德尔（Hannskarl Bandel）设计于1947年，1963年动工，1965年建成。拱门高192米，底宽192米，是一条悬链线，其方程为

$$y = -127.7\cosh\frac{x}{127.7} \text{（长度单位：英尺）}$$

图3-47　美国密苏里州圣路易拱门与直角坐标系中相应的图像

连建筑学也与 e 攀上亲戚，这的确令人惊叹不已。而更出人意料的是，在我国江南水乡浙江绍兴，桥梁建筑史家发现了两座近似悬链线形的清代石拱桥，一座为浙江新昌县桃源乡刘门坞村迎仙桥，始建于道光二十四年（1844 年）；一座为浙江嵊州市谷来镇碑头村玉成桥，始建于道光十六年（1836 年）。中国古代桥梁建筑技术之高超，由此可见一斑。

图 3-48　浙江新昌县桃源乡刘门坞村迎仙桥

图 3-49　浙江嵊州市谷来镇碑头村玉成桥

3.10 艰难之旅

比起 0、1、e 和 π 来，欧拉公式中的 i 这个数可谓时乖命蹇，尝尽世态炎凉、人情冷暖。最初，16 世纪意大利数学家卡丹（G. Cardan, 1501—1576）在他的数学名著《大术》中提出如下问题：将 10 拆成两份，使两份之乘积等于 40。在实数（包括有理数和无理数）范围内，这个问题是没有解的。卡丹写道：

> 显然，该问题是不可能的。不过我们可以用这样的方式来求解：平分 10，得 5，自乘，得 25。减去乘积自身（即 40），得 −15。从 5 中减去和加上该数的平方根，即得乘积为 40 的两部分，即 $5+\sqrt{-15}$ 和 $5-\sqrt{-15}$……抛开精神上的痛苦，将 $5+\sqrt{-15}$ 乘以 $5-\sqrt{-15}$，得 25 −(−15)，即 40……这的确很矫揉造作，因为利用它我们并不能实施在纯负数情形中所能进行的运算。[1]

显然，卡丹并没有真正接受这种"矫揉造作"的数。

后来，尽管意大利数学家邦贝利（R. Bombelli, 1526—1572）、荷兰数学家吉拉尔等人倾向于接受这类数，但笛卡儿却给它取了"虚数"(imaginary number) 之名：言下之意是这玩意不过是人们虚构出来的东西。

17 世纪，德国著名数学家莱布尼茨在解二元二次方程组 $x^2+y^2=2$，$xy=2$ 时遇到了极大的困惑。一方面，根据代数恒等式易得 $x+y=\sqrt{6}$；另一方面，分别计算 x 和 y，却发现它们都不是实数。面对等式

---

[1] Kleiner I. Thinking the unthinkable: The story of complex numbers. *Mathematics Teacher*, 1988, 81: 583–592.

图 3-50　莱布尼茨（德国，1996）

$$\sqrt{1+\sqrt{-3}}+\sqrt{1-\sqrt{-3}}=\sqrt{6}$$

莱布尼茨百思而不得其解。他在给荷兰数学家惠更斯（C. Huygens, 1629—1695）的信中写道：

> 我不明白，一个用虚数或不可能数表示的量怎么会是实数呢？我怀疑是不是哪里出错了，于是回头检查每一步计算，但结果都一个样。在一切分析中，我从来没有见过比这更奇异、更矛盾的事实了。[1]

惠更斯读信后同样很惊讶："含有虚数的不可开根相加结果竟就是一个实数，你的这一结果令人惊讶，前所未有。人们决不相信 $\sqrt{1+\sqrt{-3}}+\sqrt{1-\sqrt{-3}}$ 会等于 $\sqrt{6}$，这里面隐藏着

图 3-51　惠更斯（荷兰，1928）

1　McClenon R B. A contribution of Leibniz to the history of complex numbers. *American Mathematical Monthly*, 1923, 30: 369–374.

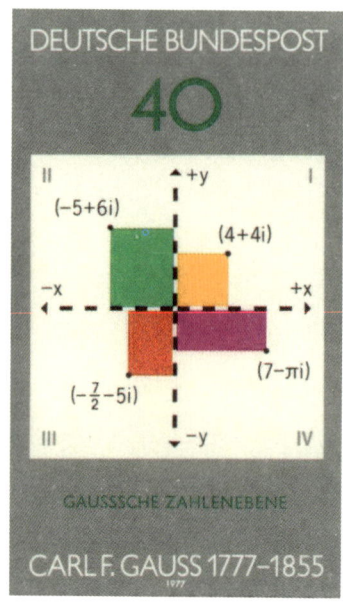

图 3-52　高斯复平面（联邦德国，1977）

我们无法理解的东西。"

约翰·伯努利、欧拉、棣莫佛都研究过这种数，欧拉还专门用 i 来表示 $\sqrt{-1}$。但他仍然声称负数的平方根"只存在于想象之中"。实际上，i 不过是英文单词 imaginary（想象的）的首字母而已。

尽管后来挪威的一位名不见经传的土地测量员魏塞尔（C. Wessel, 1745—1818）、瑞士的一位小小簿记员阿甘德（J. R. Argand, 1768—1822）和德国大数学家高斯给出复数的几何表示法，为人们理解虚数奠定了直观基础，但直到 19 世纪，虚数仍未为人们所普遍理解和接受。英国著名数学家德摩根在其《数学学习与困难》中仍然说虚数是"假想的数"。剑桥大学的教授们仍然无情地排斥"令人厌恶的 $\sqrt{-1}$"，一些数学课本中仍然写着：$\sqrt{-1}$ 不是一个数。

20 世纪上半叶，美国国家标准局（1988 年后改称为国家标准与技术研究所）的物理学家们制作出液态空气。当时，来标准局参观的人络绎不绝。由于人手不够，标准局安排物理学家每天轮流担任导游，负责解说。一位参观者在观看了液态空气样品之后，问物理学家：液态空气（liquid air）是用来做什么的？物理学家思索半响，回答说："用来润滑 -1 的平方根！"[1] 这则故事说明，在 20 世纪，一些物理学家眼里的虚数

---

[1] Nahin P J. *An Imaginary Tale: The Story of* $\sqrt{-1}$. Princeton: Princeton University Press, 1998.

依然是虚无缥缈的。

谁知，i 竟也有出人头地、扬眉吐气的那一天。18 世纪，法国数学家达朗贝尔（d'Alembert, 1717—1783）将复变函数理论应用于流体动力学；建筑堤坝这样的水利工程就得与这个数打交道。瑞士数学家兰伯特（J. H. Lambert, 1728—1777）将复变函数理论应用于地图制作。20 世纪，物理学的其他许多领域都少不了它。

图 3-53　兰伯特

图 3-54　达朗贝尔（法国，1959）

3.11　荒岛寻宝

俄国数学家和物理学家伽莫夫（G. Gamow, 1904—1968）曾试图揭开复数的奥秘。他出了这样一道难题：有一张破旧发黄的羊皮纸，上面指出某一无人岛上海盗宝藏的位置，同时指示：岛上有两棵树 A 和 B，还有一座断头台。从断头台开始直线走向 A 树并记下步数，到达后向左转 $90°$ 继续直走相同的步数，然后在停止处钉下一根钉子。再回到断头台直线走向 B

图 3-55　伽莫夫

树，到达后右转 90° 继续直走相同的步数，同样在停止处钉下一根钉子。这时只要在两钉连线的中点处挖掘，就可以找到宝物[1]。

一个年轻的探险家在他曾祖父的遗物中幸运地发现了这张羊皮纸，于是租了一艘船，乘风破浪、披星戴月、满怀信心地前往该岛。他毫不费力地找到了那两棵树，然而令他沮丧的是，断头台却荡然无存了！断头台所在地的一切痕迹也因年代过久而消失于荒烟蔓草之中。找不到这个断头台，年轻人无法找到宝藏，只好失望地空手而归。

如果我们按照羊皮纸上的说明绘制出平面图，设点 C 为断头台位置，D 和 E 是前后两次所钉的钉子的位置，T 为 DE 的中点，即宝藏的位置，如图 3-56 所示。以两树 A 和 B 所在直线为 x 轴，以 AB 的中点为原点，建立直角坐标系。设 $|AB|=d$，$\overrightarrow{OC}=a+b\mathrm{i}$，于是利用复数的运算法则，

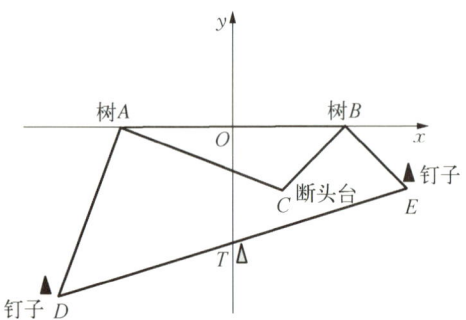

图 3-56　荒岛宝藏图

$$\overrightarrow{AC}=\left(a+\frac{d}{2}\right)+b\mathrm{i},\ \overrightarrow{BC}=\left(a-\frac{d}{2}\right)+b\mathrm{i}$$

$$\overrightarrow{AD}=\left[\left(a+\frac{d}{2}\right)+b\mathrm{i}\right]\times(-\mathrm{i})=b-\left(a+\frac{d}{2}\right)\mathrm{i}$$

---

[1] 伽莫夫. 从一到无穷大. 暴永宁，译. 北京：科学出版社，2002：31-33.

$$\overrightarrow{BE} = \left[\left(a - \frac{d}{2}\right) + bi\right] \times i = -b + \left(a - \frac{d}{2}\right)i$$

$$\overrightarrow{OD} = \left(b - \frac{d}{2}\right) - \left(a + \frac{d}{2}\right)i$$

$$\overrightarrow{OE} = -\left(b - \frac{d}{2}\right) + \left(a - \frac{d}{2}\right)i$$

因此

$$\overrightarrow{OT} = \frac{1}{2}(\overrightarrow{OD} + \overrightarrow{OE}) = -\frac{d}{2}i$$

可见，年轻的探险家肯定没有学过复数，否则绝不会无功而返：宝藏的位置其实与断头台并没有关系，我们只要从 A 树出发，沿着 AB 走到 AB 的中点 O，记下走过的步数；然后向右转 90°，继续沿直线走相同的步数，即可到达宝藏位置。

问题研究

3-1. 利用复数证明：$(a^2 + b^2)(c^2 + d^2) = u^2 + v^2 = p^2 + q^2$，其中 a、b、c、d、u、v、p、q 均为正整数，且 $p \neq u, q \neq v, p \neq v, q \neq u, ad \neq bc, ac \neq bd, a \neq b, c \neq d$。

3-2. 利用复数证明三角形三条中线交于一点。

3-3. 设 C_n 和 C'_n 分别为圆内接和外切正 n 边形的周长，证明以下递推公式：

$$C'_{2n} = \frac{2C_n C'_n}{C_n + C'_n}$$

$$C_{2n} = \sqrt{C_n \cdot C'_{2n}}$$

3-4. 设 S_n 和 S_n' 分别为圆内接和外切正 n 边形的面积，证明以下递推公式：

$$S_{2n} = \sqrt{S_n S_n'}$$

$$S_{2n}' = \frac{2 S_n' S_{2n}}{S_n' + S_{2n}}$$

3-5. 证明：数列 $\left(1+\frac{1}{1}\right)^1, \left(1+\frac{1}{2}\right)^2, \left(1+\frac{1}{3}\right)^3, \cdots, \left(1+\frac{1}{n}\right)^n, \cdots$ 是单调递增的，且任一项都不超过 3。

第 4 讲

赏心悦目

> 若没有对称和比例，则没有一座教堂会有合理的结构。
>
> ——维特鲁威

　　从历史上看，数学与建筑之间的关系十分密切。事实上，19 世纪以前，人们往往把建筑学看作是应用数学的一部分。建筑需要美，美源于和谐，和谐要用数学来创造。早在公元前 1 世纪，罗马著名建筑师维特鲁威（Vitruvius）在《建筑十章》中即宣扬数学在艺术和建筑中的作用，该书对建筑理论和实践的影响一直延续到 18 世纪末。19 世纪意大利著名建筑师马尔蒂尼（F. G. Martini, 1439—1501）说："人类没有任何一种艺术可以离开算术和几何而获得成就。"[1] 20 世纪瑞士－法国著名建筑师柯布西耶（Le Corbusier, 1887—1966）则说，"通过计算，工程师运用了几何形体，用他们的几何来满足我们的双眼，用他们的数

1　陈志华. 外国建筑史. 北京：中国建筑工业出版社，1999.

学来满足我们的理解。"[1]

4.1 几何之美

在古代埃及和巴比伦，宗教以及官方建筑都具有规则的几何形状，而世俗建筑则常常被设计成倾斜和不规则的。自古希腊以来，建筑师一直利用规则几何图形来表达美与和谐。在欧洲中世纪，教堂和修道院的建筑都必须符合特定的规则，其中，正多边形（尤其是正三角形、正方形、正六边形和正八边形）占有统治地位，而修道院的世俗部分则建成倾斜的形状。

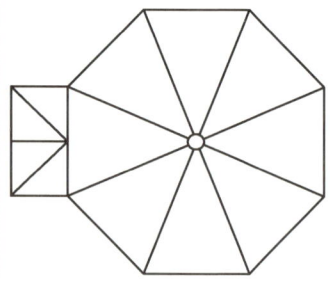

图 4-1　佛罗伦萨圣乔凡尼礼拜堂及其剖面图

1　Courbsier L. *Toward an Architecture*. Los Angeles: Getty Publications, 2008: 99.

建于 1059～1128 年间的意大利佛罗伦萨圣乔凡尼教堂就是一个典型的例子。该教堂外形为一正八棱柱加正八棱锥顶，从教堂内部看，藻井为一系列同心的正八边形，地面的正中位置也镶嵌着正八边形。

意大利南部阿皮利亚（Apulia）山上的古城堡（约建于 1240 年）被建筑史家誉为中世纪"建筑上无与伦比的纪念碑"[1]。城堡为神圣罗马帝国皇帝腓特烈二世所建，用于军事目的。其内外墙均为正八棱柱，外墙的每一个角上又分别建有一个正八棱柱。从剖面图看，城堡内八边形相应八角星的每个顶点恰恰位于角上正八边形的中心；角上正八边形朝内的顶点正是外八边形的一个顶点。外八边形、内八边形和角上八边形边长之比为 $2:1:(\sqrt{2}-1)$。

---

[1] Gotze H. Friederich II and the love of geometry. *Mathematical Intelligencer*, 1995, 17(4): 48–57.

图 4-2　圣乔凡尼礼拜堂的藻井与地板

图 4-3 阿皮利亚山古城堡

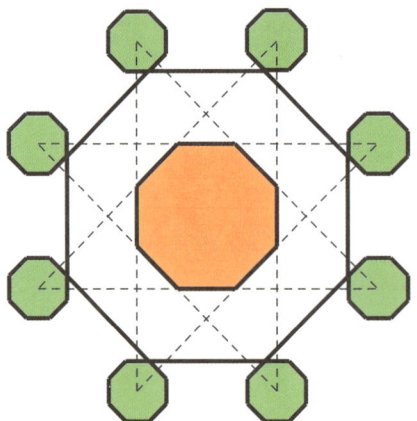

图 4-4 阿皮利亚山古城堡剖面图

如果再按同样的方法不断在每一个小八边形外作出八个更小的正八边形，并保留朝外的五个，那么最后所得的图形乃是一个漂亮的分形图案。

图 4-5　根据阿皮利亚山古城堡构图法得到的分形图

16 世纪德国艺术家雅尼泽（W. Jamnitzer, 1507—1585）发现，用正多面体、半正多面体和星形多面体来装饰的建筑物会很吸引人。他总结了 120 种正多面体的漂亮图案，部分如图 4-6 所示。

18 世纪，受启蒙思想的影响，法国建筑师们追求简朴的建筑风格，他们在设计中大量使用了规则几何形体，其中，球体最受青睐。著名建筑师布雷（É.-L. Boullée, 1728—1799）设计的牛顿纪念堂是圆柱形台基上的一个圆球；建筑师列杜（C. N. Ledoux, 1736—1806）设计的农村公安队宿舍则是放置于长方形水池中的圆球。这些作品尽管当时没能建造出来，但从某种意义上说，18 世纪热爱数学的建筑师们的理想在今天已经完全得到了实现：斯德哥尔摩的巨蛋体育馆、巴黎的晶球电影院、北京的国家大剧院等等，都已成为当地地标性的建筑。

当代华裔美国建筑大师贝聿铭的建筑作品中充满了几何元素。

160　数学文化透视

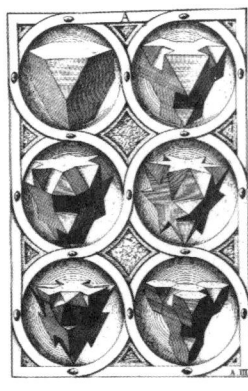 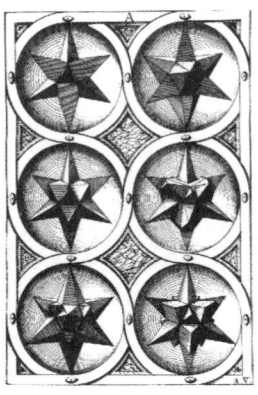 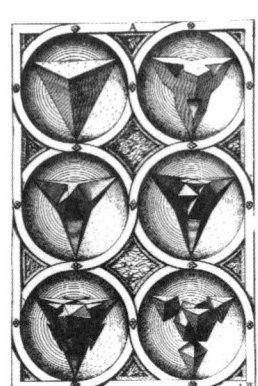

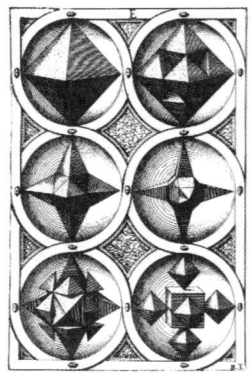 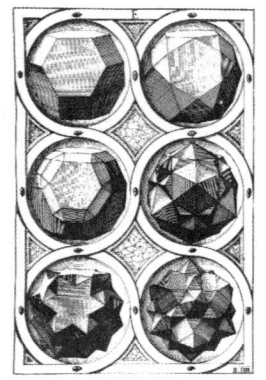 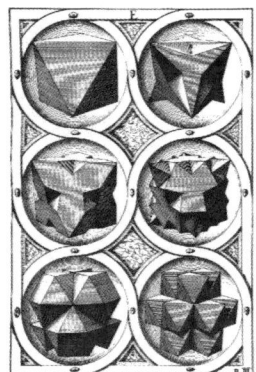

第 4 讲 赏心悦目　　　161

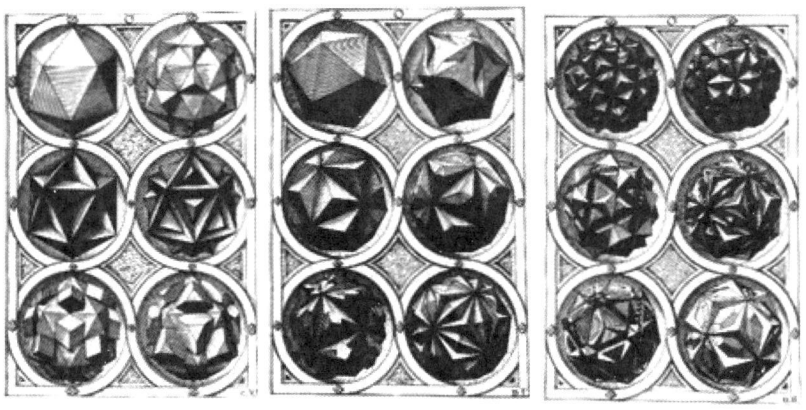

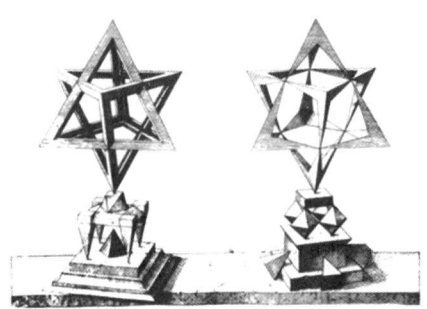

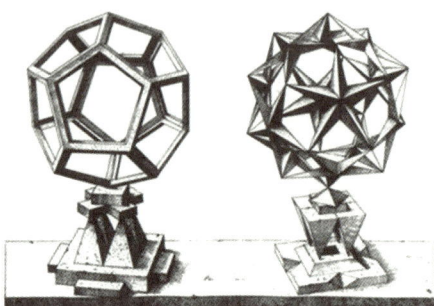
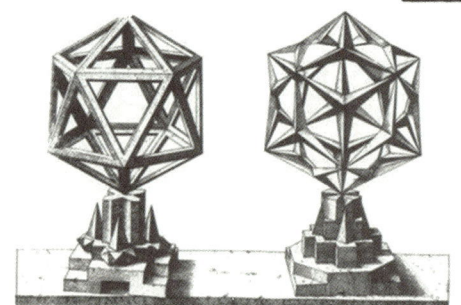

图 4-6 雅尼泽的建筑装饰图案

图 4-7 布雷的作品：牛顿纪念堂

图 4-8 列杜的作品：农村公安队宿舍

图 4-9　斯德哥尔摩的巨蛋体育馆

图 4-10　贝聿铭作品：卢浮宫前的玻璃金字塔

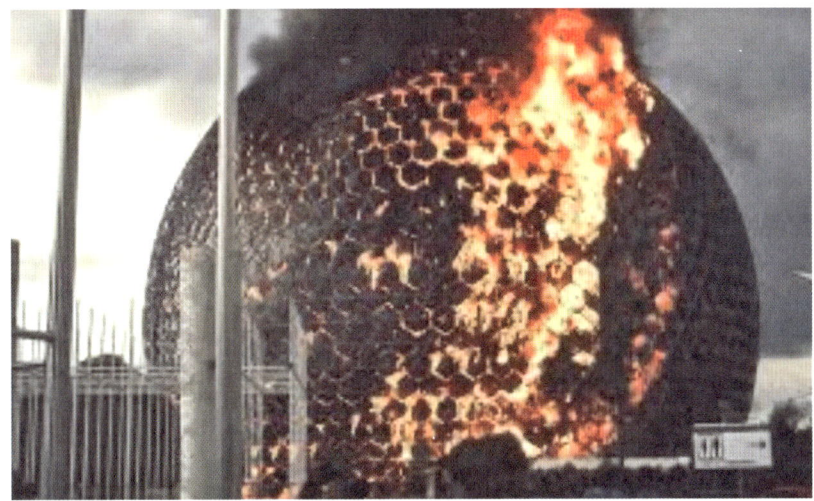

图 4-11 劫后余生的富勒球

图 4-12 达·芬奇的维特鲁威人（摩纳哥，2000）

图 4-13 吉萨金字塔（刚果，1978）

4.2 比例之谐

维特鲁威认为，人体的各种比例是最完美的比例，因此，庙宇的建筑必须遵循这样的比例。文艺复兴时期意大利著名建筑师帕拉第奥（A. Palladio, 1508—1580）在《建筑四章》中写道："音调的纯粹比例听着和谐，空间的纯粹比例看着和谐。这样的和谐给予我们快乐的感觉。"[1] 德国艺术史家维特柯华（R. Wittkower, 1901—1971）研究发现，文艺复兴时期的建筑均可归结为一种或几种比例理论。

1855 年，德国学者洛贝（F. Röber）最先提出：几乎所有古埃及金字塔（但未包括胡夫金字塔）的设计中都普遍使用了黄金数（或黄金比例）[2]：金字塔侧面与底

---

[1] Schreiber P. Art and architecture. In: Grattan-Guinness I (ed.). *Companion Encyclopedia of the History and Philosophy of Mathematical Sciences* (Vol.II), London: Routledge, 1994: 1593-1611.

[2] Herz-Fischler R. The golden number and division in extreme and mean ratio. In: Grattan-Guinness I (ed.). *Companion Encyclopedia of the History and Philosophy of Mathematical Sciences*(Vol.I), London: Routledge, 1994: 1576-1584.

面夹角 α 的正割, 即侧面高与底面边长之半的比等于 $\sec \alpha = \dfrac{\sqrt{5}+1}{2}$。

在几何上, 黄金比例是如何得到的? 欧几里得在《几何原本》第二卷给出命题:"将一条线段分成两段, 使得整段与其中一分段所含矩形等

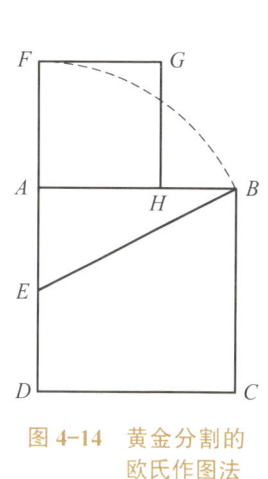

图 4-14 黄金分割的欧氏作图法

图 4-15 欧几里得黄金分割作图法(日本, 1986)

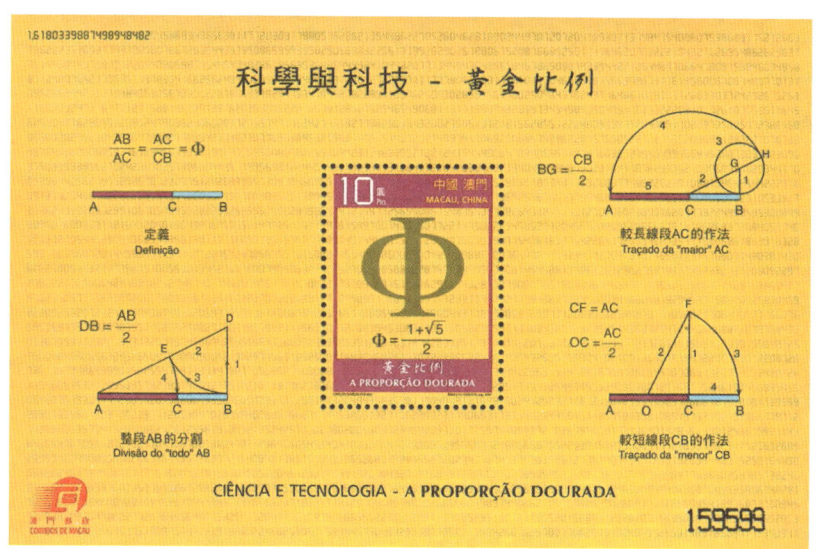

图 4-16 黄金分割的海伦作图法与黄金数(中国澳门, 2007)

图 4-17　帕西沃里与黄金分割（意大利，1994）

于另一分段上的正方形。"其中的分点就是所谓的黄金分割点。欧几里得的作图法如下：在 AB 上作出正方形 $ABCD$，取 AD 的中点 E，在 DA 延长线上取点 F，使 $EF=EB$。在 AB 上取点 H，使得 $AH=AF$。于是点 H 即为所求。另一种作图法是古希腊数学家海伦给出的，今天更为常用。

设 $BH=1$，$AH=x$。由 $\dfrac{x+1}{x}=\dfrac{x}{1}$，得一元二次方程

$$x^2-x-1=0$$

其正根即为黄金数 $\phi=\dfrac{1+\sqrt{5}}{2}=1.61803\cdots$。1977 年，美国数学家和诗人布鲁克曼（P. S. Bruckman）在《斐波那契季刊》中发表短诗"恒常的比例"以记之[1]：

> 黄金比例可真荒唐，
> 荒唐得有点不寻常。
> 如果你把它倒一倒，
> 与自身减一没两样；
> 如果你把它加个一，
> 得到自己的二次方。

1　Bruckman P S. Constantly mean. *Fibonacci Quarterly*, 1977, 15(3): 236.

黄金分割已经为古希腊毕达哥拉斯学派（亦称"兄弟会"）所熟悉，因为该学派选择五角星作为兄弟会的会标，并赋以"健康"的含义。古希腊作者杨布利丘（Iamblichus）告诉我们一则故事：一位毕达哥拉斯学派的成员客死他乡，临终前，他告诉所住旅店的店主，只要在店门口挂上一个五角星，便会有人来帮助偿还他因住店和看病所欠下的债务。不久，果然有一位路过的人进旅

图 4-18　五角星（古巴，1975）

店帮助那位已经离世的人还清了生前的债务。这小小的神秘的五角星所代表的含义其实不仅仅是健康，它同时也是友爱、戒律、智慧的标志，有着无穷的魅力。不难证明，正五边形各对角线交点都是相应对角线的黄金分割点（问题研究 [4-2]）。

今天，如果你让一个幼儿园的孩子画一颗星星，他准给你画出一个五角星。而在历史上，早在新石器时代，两河流域就已经出现五角星图案了。或许，人类对这种一笔画对称图案有着天然的爱好，并非只有毕达哥拉斯学派喜爱它。这就不难说明，为什么世界上超过60个国家的国旗上都有这个图案了。

长和宽之比等于黄金比（黄金数）的长方形叫黄金矩形。奇妙的是，从一个黄金矩形中去掉一个以宽为

图 4-19　黄金分割与对数螺线（瑞士，1987）

边长的正方形,余下的矩形还是黄金矩形。从某一个黄金矩形开始,去掉一个正方形,再从余下的黄金矩形中去掉一个正方形,这样一直下去,所得到的一系列黄金分割点恰恰位于同一条对数螺线上!

1876年,德国实验心理学家古斯塔夫·费希内(Gustav Fechner, 1801—1887)曾经做过一个著名的实验。他展出以下各种矩形:

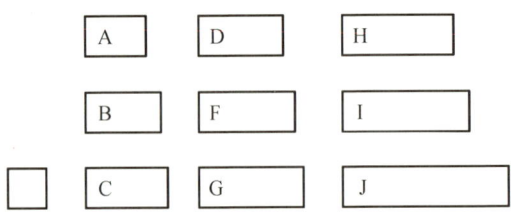

图 4-20　费希内展出的矩形

要求参观者投票选择各自认为最美的和最丑的矩形。结果,最美矩形中,长与宽接近 0.618 的矩形所得票数最高。以后又有许多人如拉罗(Lalo)做了更多的实验。下表给出费希内和拉罗的实验结果[1]。

表 4-1　费希内与拉罗的实验结果

宽与长之比	最佳矩形(%)		最坏矩形(%)	
	费希内	拉罗	费希内	拉罗
1.00	3.0	11.7	27.8	22.5
0.83	0.2	1.0	19.7	16.6
0.80	2.0	1.3	9.4	9.1
0.75	2.5	9.5	2.5	9.1
0.69	7.7	5.6	1.2	2.5
0.67	20.6	11.0	0.4	0.6

---

[1] Huntley H E. *The Divine Proportion*. New York: Dover Publications, 1970: 64.

续 表

宽与长之比	最佳矩形（%）		最坏矩形（%）	
	费希内	拉罗	费希内	拉罗
0.62	**35.0**	**30.3**	**0.0**	**0.0**
0.57	20.0	6.3	0.8	0.6
0.50	7.5	8.0	2.5	12.5
0.40	1.5	15.3	35.7	26.5
	100.0	100.0	100.0	100.0

可见，宽与长之比接近 0.618 的长方形最受人们的喜爱！我们不妨关注一下生活中常用的各种卡片（银行卡、交通卡、校园卡、社保卡、购物卡……）的尺寸，它们大多与黄金矩形相近。

图 4-21　银行卡（法国，2001）

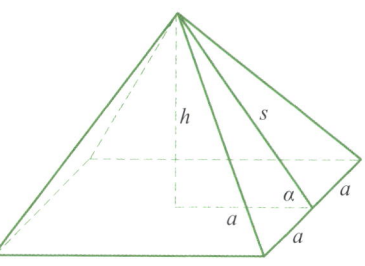

图 4-22　胡夫金字塔中的黄金比

1859 年，英国作家约翰·泰勒（John Taylor, 1781—1864）在其《大金字塔》一书中提出：古埃及人在建造胡夫金字塔时利用了黄金比例。泰勒还引用古希腊历史学家希罗多德（Herodotus）的记载：胡夫金字塔的每一个侧面的面积都等于金字塔高的平方。

如图 4-22，若 $as = h^2$，则由勾股定理，$as = s^2 - a^2$，即

$$\left(\frac{s}{a}\right)^2 - \frac{s}{a} - 1 = 0,$$

因此，$\sec \alpha = \dfrac{s}{a}$ 为黄金数。

图 4-23　远征埃及（法国，1972）

检查希罗多德《历史》第二卷第 124 节，发现希罗多德只是说金字塔的高与底面边长相等，均为 8 普列特隆（约 800 英尺）[1]。看来，希罗多德实际上并未记载黄金数，泰勒为了给自己的理论提供依据，篡改了他的原文。那么，胡夫金字塔是否含有黄金比例呢？实测得到的数据是[2]：金字塔底面平均边长为 $2a = 755.79$ 英尺，高为 $h = 481.4$ 英尺，由勾股定理可得侧面斜高 $s = 612.01$ 英尺。于是，$\sec \alpha = \dfrac{s}{a} = 1.62$，与黄金比例真的十分接近！

美国作家迪特里希（W. Dietrich）的历史冒险小说《拿破仑的金字塔》反映了人们对黄金比例的无限崇尚。小说的主人公、美国人盖奇随拿破仑的军队来到埃及，并随地理学家若马尔来到吉萨，对金字塔进行测量。若马尔告诉盖奇：

金字塔的长、宽、高等代表至圣至高的神。几千年来，建筑

1　希罗多德. 历史（上）. 周永强, 译. 西安：陕西师范大学出版社，2008：138.
2　Livio M. *The Golden Ratio: The History of Phi, The World's Most Astonishing Number*. New York: Broadway Books, 2002: 81.

师和工程师们发现某些比例和形状与其他的相比更加赏心悦目。这些比例和形状十分有趣，相互之间存在某些数学方面的关联。有人认为这种神圣的关系揭示了根本的、普遍的真理。我们的祖先在建造哥特式大教堂时，试图运用建筑的大小和几何比例去表现宗教观念和宗教理想，实质上，在最初的设计中便赋予建筑物以神圣的理念。"何为神？"明谷的圣贝尔纳曾经发问。"神就是长度、宽度、高度和深度。"[1]

盖奇在胡夫金字塔上发现了鹦鹉螺化石；若马尔由此想到了斐波那契数列，并将其"几何化"，在塔顶画出一条斐波那契螺线（图4-24）。

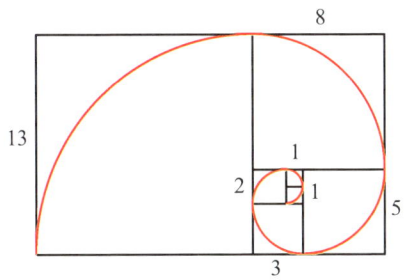

图4-24 斐波那契螺线

若马尔据此又想到了黄金比（关于斐波那契数列与黄金比之间的关系，参阅第1讲的问题研究1-4）。他坚信，金字塔的坡度一定准确地体现了黄金比。

古希腊毕达哥拉斯学派发现，音的和谐与弦长的整数比有密切关系：1∶2、2∶3和3∶4分别对应八度、五度和四度音程。有理由

---

[1] 迪特里希 威廉.拿破仑的金字塔.吴晓妹，等，译.上海：上海文艺出版社，2010：191.

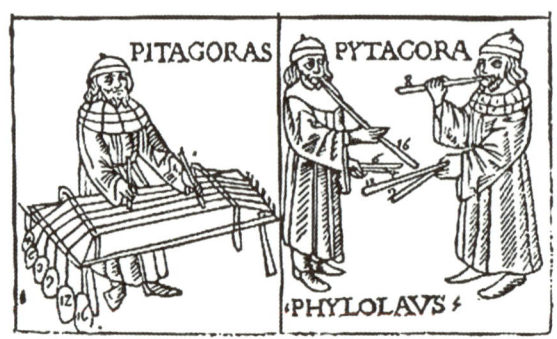

图 4-25 毕达哥拉斯与音乐

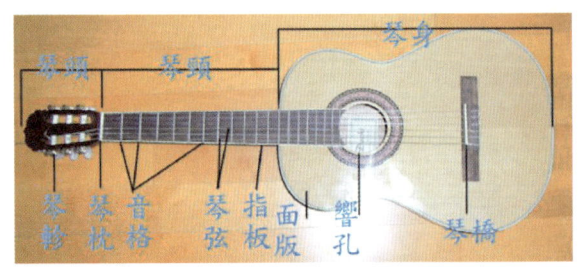

图 4-26 用吉他可以解释毕达哥拉斯的发现。若 3 弦空弦为 1，则 3 弦 5 品（3∶4）为 4，3 弦 7 品（2∶3）为 5，3 弦 12 品（1∶2）为 i

相信，这一发现连同该学派"万物皆数"的哲学观念对于古希腊的建筑产生过深远的影响。

雅典著名的帕特农神殿建于公元前 447～前 432 年，是古希腊庙宇建筑的典范。神殿高（从台基到屋顶）与宽（南北向）的比为黄金比。负责神殿内雕塑的菲狄亚斯（Phidias，前 480?—前 430）在他的众多雕塑作品中都使用了黄金比。

帕特农神殿的设计师还使用了另一个比 4∶9[1]。神殿台基的长（东西

---

[1] O'Connor J J, Robertson E F. Mathematics and architecture. http://turnbull.mcs.st-and.ac.uk/~history /HistTopics/Architecture html.

图 4-27　帕特农神殿

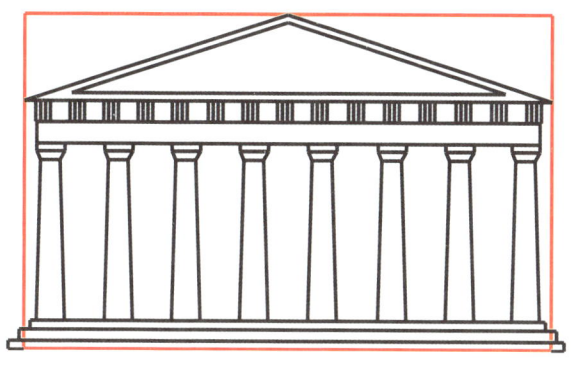

图 4-28　帕特农神殿上的黄金分割

向）为 69.5 米，宽为 30.88 米；圆柱底径为 1.905 米，高为 10.44 米；圆柱中心轴距为 4.293 米；内中堂长宽分别为 48.30 米和 21.44 米。不难发现：台基的宽和长之比、圆柱底径与中心轴间距之比、水平檐口高（柱高加檐部高 3.29 米）与台基宽之比、内中堂宽与长之比均为 4∶9！

人们在巴黎圣母院、沙特尔大教堂、印度泰姬陵等著名建筑中都发现了黄金比。

图 4-29 沙特尔大教堂（摩纳哥，1973）

在建筑学上，在 15 世纪之后相当长的时间内，黄金分割似乎被人们遗忘。20 世纪 20 年代，柯布西耶在建筑设计中重新开始使用黄金分割。柯布西耶建立了模度理论。一个 6 英尺（1.829 米）高的人，一只手向上举至 2.260 米，将其置于一个正方形内，如图 4-30 所示。身高与肚脐眼高（1.130 米）为黄金比；从脚到所举的手的总高（2.260 米）与下垂手臂肘的高度（1.397 米）为黄

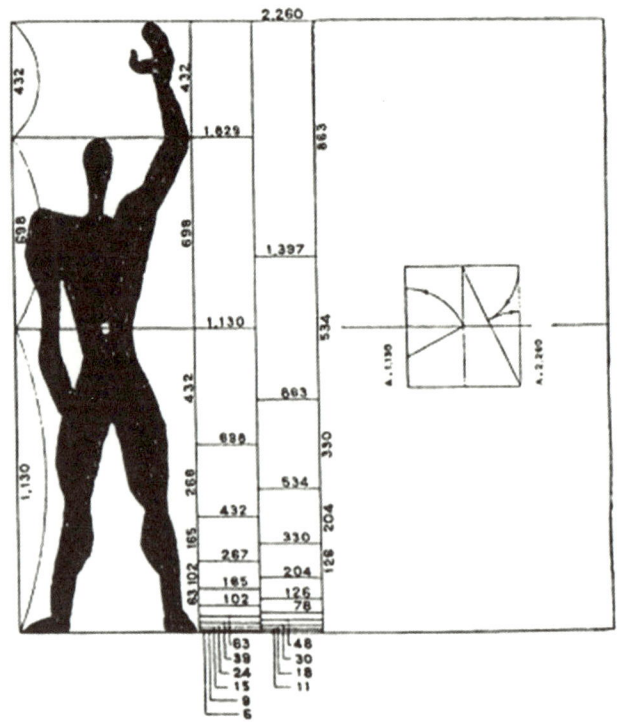

图 4-30 柯布西耶的模度理论

金比；等等。柯布西耶将他的模度理论大量运用于建筑设计，一幅幅美妙的作品从他的手里相继诞生。

法国巴黎的埃菲尔铁塔（以设计者埃菲尔命名，1889年建成）高300米，在离地57米、115米和276米处各有平台，第二层平台接近整座铁塔的黄金分割点。多伦多电视塔高553.33米，观光台离地342米，为黄金分割点。纽约联合国总部大楼（1950年建成）的宽与每十层高之间构成黄金比。

图 4-31　埃菲尔铁塔（法国，1939）　　　图 4-32　多伦多电视塔

4.3　重逢对称

人类很早就喜爱对称。古代两河流域的先民已经广泛使用了对称性，这一点可以从出土的陶碗、印章上的图案中得到证明。在希腊语

中,"对称"这个术语原来指的就是一座建筑、一尊雕塑或一幅绘画从部分到整体的形状和比例的重复[1]。从数学上讲,对称有平移、旋转、反射、滑动反射等情形。自古以来,建筑中的反射对称可谓司空见惯。中世纪法国哥特式教堂具有显著的对称性特征。中国故宫的太和殿、印度的泰姬陵等等,都是对称性的典范。

图 4-33　两河流域陶碗（约公元前 6000 年）

图 4-34　两河流域圆柱印章上的图案（约公元前 3000 年）

1　Schreiber P. Art and architecture. In: Grattan-Guinness I (ed.). *Companion Encyclopedia of the History and Philosophy of Mathematical Sciences* (Vol.II). London: Routledge, 1994: 1593−1611.

图 4-35 苏美尔艺术作品中的对称（公元前 2700 年）（采自外尔的《对称》）典范

图 4-36 故宫太和殿

图 4-37 泰姬陵

文艺复兴时期的建筑设计大多遵循对称性原则,帕拉第奥的众多作品都具有完美的对称性。今天,美籍华人建筑大师贝聿铭作品中的对称美仍然在"满足我们的双眼"。

图 4-38　帕拉第奥作品：Emo 别墅（约 1558）

图 4-39　苏州博物馆新馆

图 4-40　兰斯大教堂的简单圆花窗

图 4-41　兰斯大教堂的复杂圆花窗

图 4-42　法国斯特拉斯堡大教堂圆花窗

中世纪欧洲哥特式教堂建筑最典型的元素之一是圆花窗（又称玫瑰窗）。圆花窗的图案完全由圆弧和直线段构成，具有旋转对称性，是中世纪建筑师的一大创新，是他们爱好几何的明证。多数圆花窗既是中心对称图形，也是轴对称图形。图 4-40 是最早的、也是最简单的圆花窗图案[1]，见于法国兰斯大教堂，建于 1211～1221 年间。图 4-41 则为同一座教堂更为复杂的圆花窗图案。

在欧洲，每一座哥特式的教堂无不带有圆花窗。图 4-42 和图 4-44 分别是斯特拉斯堡大教堂和巴黎圣母院的圆花窗，从教堂里面看这些花窗，五彩缤纷，美不胜收。

在我国苏州园林里，我们也常常能看到具有反射对称性或旋转对称性的花窗。

1　Artmann B. The cloisters of Hauterive. *The Mathematical Intelligencer*, 1991, 13(2): 44−49.

图 4-43　巴黎圣母院（法国，1992）　　图 4-44　巴黎圣母院圆花窗

4.4　二次曲面

现代建筑设计中，二次曲面的使用已是稀松平常的事情。建筑上常用的二次曲面有球面、椭球面、单叶双曲面和双曲抛物面。

球心在原点、半径为 R 的球面方程为 $x^2 + y^2 + z^2 = R^2$。球面的一部分广泛用于建筑设计。

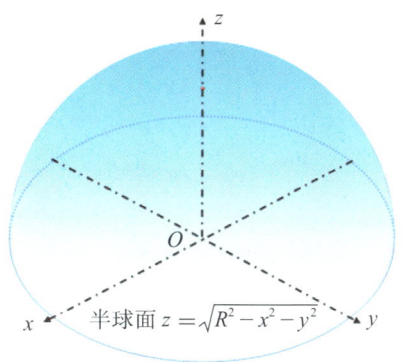

图 4-45　半球面

图 4-46　罗马小体育宫

图 4-47　悉尼歌剧院

图 4-48 巴西议会大厦

图 4-49 上海世博会罗马尼亚馆

中心在原点的椭球面的方程为 $\dfrac{x^2}{a^2}+\dfrac{y^2}{b^2}+\dfrac{z^2}{c^2}=1$ ($a>0, b>0, c>0$)，如图 4-50。

典型的建筑是中国国家大剧院。

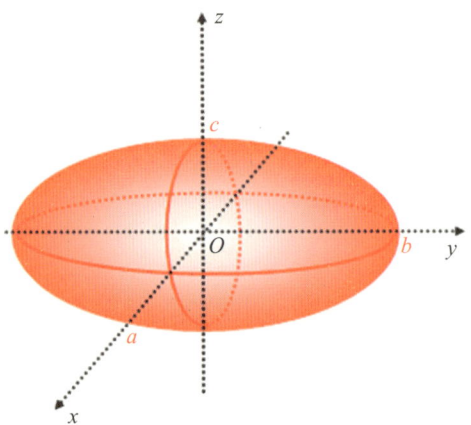

图 4-50　椭球面

图 4-51　中国国家大剧院

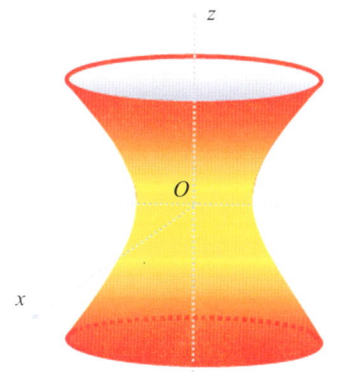

单叶双曲面方程为 $\dfrac{x^2}{a^2}+\dfrac{y^2}{b^2}-\dfrac{z^2}{c^2}=1$，如图 4-52。它是一种直纹面，也就是说，尽管它是曲面，但其上含有两族直线，因此，该曲面在建筑上有广泛应用。日本神户港塔、巴西利亚大教堂、广州电视塔等都具有单叶双曲面形状。

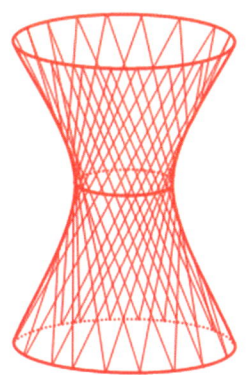

图 4-52 单叶双曲面

图 4-53 日本神户港塔高 108 米，建于 1963 年

图 4-54　曼彻斯特市政街步行桥

图 4-55　巴西利亚大教堂

图 4-56　圣路易斯科学中心天文馆（美国）

图 4-57　广州电视塔

图 4-58　法国 Cruas 核电站冷却塔

图 4-59　冷却塔（荷兰，1962）

双曲抛物面（马鞍面）的方程为 $\dfrac{x^2}{a^2}-\dfrac{y^2}{b^2}=2z$，如图 4-60。它也是一种直纹面，和单叶双曲面一样，在建筑上有广泛应用。图 4-61～4-64 是一些著名的双曲抛物面建筑。

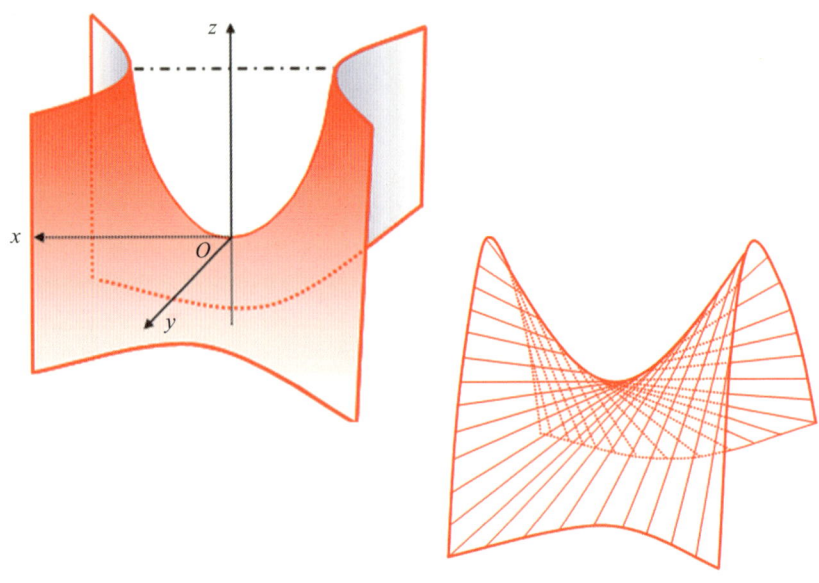

图 4-60　双曲抛物面

图 4-61　慕尼黑奥林匹克体育馆

图 4-62　圣玛利亚大教堂（作者摄于 2011 年 9 月）

图 4-63 德国斯图加特州立美术馆新馆

图 4-64 上海体育场

4.5 数学之魅

在古希腊和古罗马，建筑师往往都是数学家。查士丁尼大帝统治时期（527—565）建成的拜占庭帝国最辉煌的建筑、君士坦丁堡（今伊斯坦布尔）的圣索菲亚大教堂是由两位小亚细亚数学家伊西多鲁洛斯（Isidoros）和安泰缪斯（Anthemius）负责设计的。上万名工人参加教堂的建造，花费32万两黄金，历时五年才建成。当时的拜占庭历史学家普洛可比乌斯（Procopieus，约490—562）这样描述该教堂：

> 人们觉得自己好像来到了一个可爱的百花盛开的芳草地，可以欣赏到紫色的花、绿色的花；有些是艳红的，有些闪着白光。大自然像画家一样把其余的染成斑驳的色彩。一个人到这里来祈祷的时候，立即会相信：并非人力、并非艺术，而是只有上帝的恩泽才能使教堂成为这样，他的心飞向上帝，飘飘荡荡，觉得离上帝不远……[1]

正是数学和艺术才具有如此神奇的力量！

图 4-65　圣索菲亚大教堂（土耳其，1955）

1　陈志华. 外国建筑史. 北京：中国建筑工业出版社，1999.

图 4-66　圣索菲亚大教堂

文艺复兴时期,艺术家和建筑师往往也都是数学家。意大利艺术家和数学家达·芬奇、德国数学家布拉默(B. Bramer, 1588—1652)、比利时数学家法伊尔(J. C. de la Faille, 1597—1652)等都是军事工程师。达·芬奇设计过防御工事、教堂、桥梁、别墅等。意大利数学家古尔里尼(G. Guarini, 1624—1683)是著名的建筑师,他设计了都灵以及其他欧洲城市的众多公共和私人建筑,如圣罗伦兹教堂、卡里加诺宫、拉科尼基城堡等等。古尔里尼认为,建筑依靠的是数学。

著名建筑师克里斯多弗·雷恩(Christopher Wren, 1632—1723)被牛顿誉为那个时代最好的英国数学家之一。他设计了伦敦的 50 座教堂,还设计了格林尼治天文台弗拉姆斯蒂德楼、剑桥大学三一学院图书馆、伦敦大火纪念塔等,他的重要助手胡克(R. Hooke, 1635—1703)也是数学家。

今天，建筑师和数学家集于一身的情形已不多见，但这并不意味着建筑与数学的分道扬镳。驻足欣赏北京水立方的华丽，国家大剧院的惊艳，上海体育场的飘逸，广州电视塔的巍峨，我们分明是在欣赏数学的美。

图 4-67　雷恩

图 4-68　雷恩设计的格林尼治天文台弗拉姆斯蒂德楼

问题研究

4-1. 用尺规作出一个黄金矩形。

4-2. 证明：正五边形对角线交点是相应对角线的黄金分割点。

4-3. 证明：从一个黄金矩形中去掉一个以宽为边长的正方形，余下的矩形还是黄金矩形。

4-4. 分别用黄金数 $\varPhi$ 来表示 $\sin 9°$，$\sin 18°$，$\sin 27°$，$\sin 36°$，$\sin 45°$，$\sin 54°$，$\sin 63°$，$\sin 72°$ 和 $\sin 81°$。

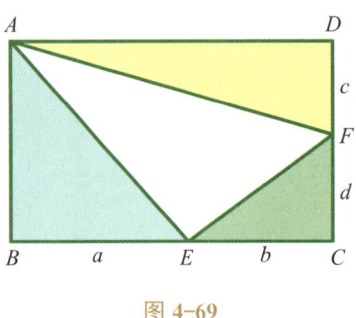

图 4-69

4-5. 如图 4-69，在矩形 $ABCD$ 中作内接三角形 AEF。（1）在什么情况下三个小三角形 ABE、ECF、ADF 面积相等？（2）在什么条件下 $\triangle AEF$ 为等腰三角形（$EA = EF$）？

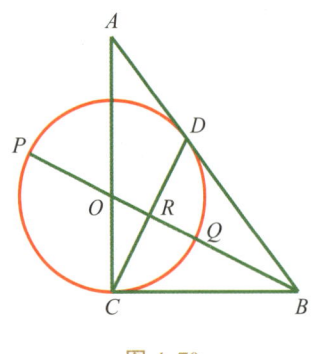

图 4-70

4-6. 在直角三角形 ABC 中，$BC = 3$，$AC = 4$，$AB = 5$。$\angle ABC$ 的平分线交 AC 于 O。以 O 为圆心，OC 为半径作圆，交 BO 与 P、Q，于 AB 相切于 D，连 CD，交 BQ 于 R。证明：点 Q 是线段 BP 的黄金分割点。

4–7. 按阿皮利亚古城堡的方法，在角八边形外作更小的八边形，记内八边形面积为 S_0，以后每次所作的每一个八边形面积分别为 S_1，S_2，$\cdots$。求 $\lim\limits_{n\to\infty}(S_0 + S_1 + S_2 + \cdots + S_{n-1})$。

第 5 讲

完美结合

没有数学，就没有艺术。

—— 帕西沃里

5.1 数学工具

让我们先来欣赏中世纪的两幅绘画作品。一幅是意大利拉韦纳圣威托教堂（526～548）里的马赛克——"亚伯拉罕与天使"，一幅是"查理曼救援教皇亚德里安"。两幅作品有一个共同点：人物与背景不成比例，换言之，它们"不像"我们在三维空间看到的真实场景。

为什么会这样呢？原因是中世纪的画家没有掌握一种特殊的工具。

文艺复兴时期成了绘画艺术史的分水岭，因为艺术家拥有了数学工具——透视学，他们能够在二维画布上逼真地再现三维空间的真实场景，这使他们的作品富有现实主义。

据说公元前 400 年左右古希腊哲学家德谟克里特（Democritus）最早研究了透视的法则（可能用于剧院舞台布景的设计，但没有文字记

第 5 讲 完美结合 199

图 5-1 亚伯拉罕与天使

图 5-2 查理曼救援教皇亚德里安

图 5-3　布鲁内列斯基（意大利，1977）　　图 5-4　佛罗伦萨大教堂

载）。以设计佛罗伦萨大教堂圆顶而闻名的意大利建筑师和雕塑家菲利波·布鲁内列斯基（Filippo Brunelleschi, 1377—1446）是第一个掌握作透视画精确方法的人。而第一本论透视的著作是阿尔贝蒂（Leon Battista Alberti, 1404—1472）的《论绘画》（della Pittura，拉丁文版 1435 年，意大利文版 1536 年）。书中，阿尔贝蒂介绍了布鲁内列斯基的方法（但没有提到他的名字）。阿尔贝蒂认为数学是艺术和科学的共同基础，主张利用透视法进行艺术创作。他认为，做一个合格的画家，首先要精通几何学；借助于数学，自然界将变得更加迷人。在《论绘画》中，他写道：

> 如果一名画家尽可能精通所有的自由艺术，那将令人愉悦；但首先我希望他懂几何学。我喜欢古代画家潘菲洛斯（Pamphilos）的格言……他认为，如果不懂几何学，没有哪个画家能画好画。本书解释了一切完美的绝对的绘画艺术，对此，几何学家很容易理解，但不懂几何者却无法理解。因此，我认为画家有必要学习几何学。[1]

1　Alberti L B. *On Painting*. Cambridge: Cambridge University Press, 2011.

将三维空间真实场景中的不同平行线画在二维画布上时，需满足三个定理：

定理 1　与画面垂直的平行线交于一点，该点称为主没影点；

定理 2　与画面既不垂直、也不平行的两族平行线各交于一点，称为对角没影点，两个对角没影点与主没影点共线，且与主没影点等距；

定理 3　与画面平行的一族平行线仍然是平行的。

图 5-5　两条平行线在远处相交

文艺复兴时期最重要的透视学家是 15 世纪意大利艺术家和数学家弗朗西斯卡（Piero della Francesca, 1415—1492）。在《透视绘画论》中，他开始利用透视法来绘画，在其后半生的 20 年间，他写了三篇论文，试图证明利用透视学和立体几何原理，现实世界就能够从数学秩序中推演出来。

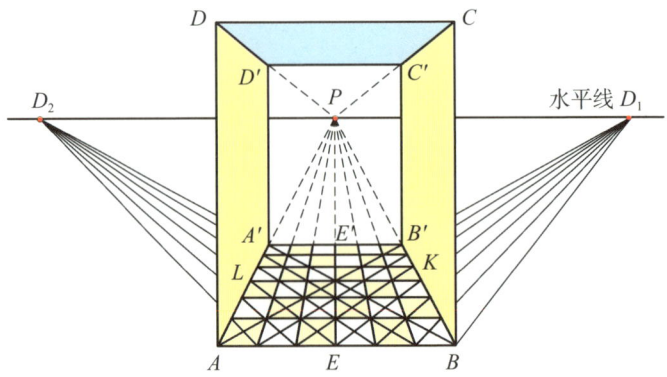

图 5-6　透视学原理

图 5-7　弗朗西斯卡纪念邮票（梵蒂冈，1992）

图 5-8　弗朗西斯卡作品《耶稣受鞭图》

图 5-9　《耶稣受鞭图》之主没影点

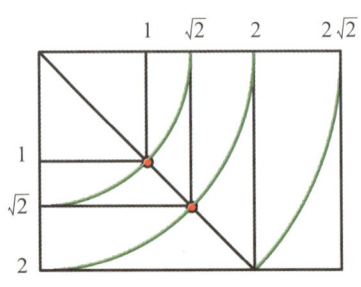

图 5-10 《基督受鞭图》之构图分析

图 5-11 达·芬奇和他的作品

达·芬奇对透视学作出了重要贡献。在《论绘画》(*Treatise on Painting*, 约 1510)中,达·芬奇列出在他看来同样重要的三种透视方法:一是远距离物体尺寸的减小(与数学透视有关),一是颜色的变淡,一是轮廓的消失。他说:"欣赏我的作品的人,没有一个人不是数学家。"他认为,绘画的目的是再现自然,而绘画的价值就在于精确的再现。甚至纯粹抽象的创造物,如果能在自然中存在,那么它也必定会出现。因此,"绘画是一门科学,而一切科学都以数学为基础。人类的任何探究活动都不能称为科学,除非这种活动通过数学表达方式和

图 5-12 达·芬奇《最后的晚餐》(1494)

图 5-13 《最后的晚餐》之主没影点

图 5-14 达·芬奇《博士来拜》之透视研究

经过数学证明来开辟自己的道路。"他还认为,"一个人如果怀疑数学的极端可靠性,就会陷入混乱,他永远不可能平息科学中的诡辩,只会导致空谈和毫无结果的争论。"达·芬奇貌视那些轻视理论而声称仅仅依靠实践也能进行艺术创造的人,认为正确的信念是"实践总是建立在正确的理论之上"。他将透视学看作是绘画的"舵轮与准绳"。

达·芬奇广泛研究了人体的各种比例。著名的维特鲁威人(图4-12)是他对人体的详细研究的作品,图中标明了黄金分割的应用。这是一张他为朋友、数学家帕西沃里(L. Pacioli,1445—1517)的《神奇的比例》(1509)所作的图解。

黄金分割还出现在达·芬奇未完成的作品《圣徒杰罗姆》中。该画约作于公元1483年。在作品中,圣徒杰罗姆的像完全位于一个黄金矩形内。应该说,这不是偶然的巧合,而是达·芬奇有意识地使画像与黄金分割相一致。

图 5-15　拉斐尔《雅典学派》

图 5-16 德·胡赫（Pieter De Hoogh, 1629—1684）作品——《与两个男人共饮的女人和她的女仆》

图 5-17 《与两个男人共饮的女人和她的女仆》之透视

图 5-18 荷兰画家弗美尔作品——《音乐课》

图 5-19 《音乐课》之透视

实际上，15 世纪和 16 世纪早期几乎所有的绘画大师，包括西诺莱利（L. Signorelli, 1445?—1523）、布拉曼德（D. Bramante, 1444—1514）、米开朗琪罗（Michelangelo, 1475—1564）、拉斐尔（Raphael, 1483—1520）以及其他许多艺术家，都对数学有着浓厚的兴趣，而且力图将数学应用于艺术。

5.2 画中幻方

阿尔布雷特·丢勒（Albrecht Dürer, 1471—1528）是第一个将透视学引进德国的画家，他同时也是数学家、机械师和建筑学家。年轻时曾到意大利学习数学和透视，著有《尺规测量艺术引论》《人体解剖学原理》等。丢勒认为，创作一幅画时，应依据透视的数学原理进行构图。

图 5-20　丢勒（迪拜，1971）

丢勒也是一位自然几何学家，寻求将人体的形状归结为数学原理，这在他的数以百计的素描中得到了证明。他还设计了三种作椭圆的仪器[1]。图 5-23 左图所示齿轮仪器用于画螺线和摆线；图 5-23 右所示仪器则用于画椭圆。

丢勒在《画家手稿》（*The Painter's Manual*，1538）中创造了许多德文数学术语，如称椭圆为 Eierlinie（蛋形线），称双曲线为 Gabellinie（叉形线）。他称抛物线为 Brennlinie，指的抛物镜的燃烧性质。

1　Walton K D. Albrecht Durer's Renaissance connections between mathematics and art. *The Mathematics Teacher*, 1994(4): 278–282.

图 5-21　丢勒作品《圣徒杰罗姆在书房》(雕版画，1514)

图 5-22　丢勒的人体素描

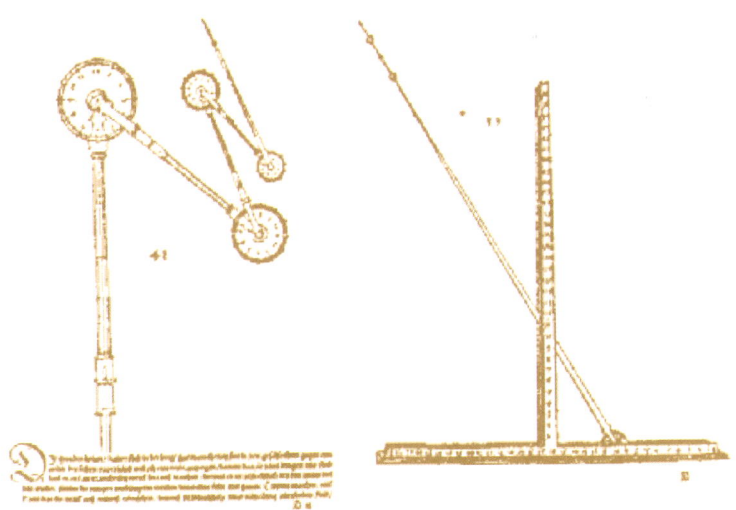

图 5-23　丢勒的作图仪器

丢勒对数学的爱好可以从他的铜版画《忧郁》(*Melencolia*, 1514)中反映出来。除了中心透视的应用，墙上的幻方、复杂的多面体、球体，都象征着对于数学难题的长期思索无获而产生的忧郁情感。这是他所画过的最好的自画像。

图 5-24　丢勒名画（蒙古，1971）　　　图 5-25　多面体

图 5-26　幻方　　　　　　　　　图 5-27　丢勒幻方

麦吉利夫雷（C. H. MacGillavry）认为，《忧郁》中多面体的表面似乎由两个等边三角形和六个不规则的多边形构成。他还猜想：丢勒不是根据模型，而是根据一个大的方解石晶体来画多面体的。多奈（J. D. H. Donnay）认为，如果上述猜想是对的，那么第一篇晶体学的时间应该向前推大约 100 年。

《忧郁》中的幻方有以下性质：

（1）每行、每列和每条对角线上的数字之和为 34；

（2）关于两对角线交点对称的任意两数的和为 17；

（3）每一象限（I、II、III、IV）的数字之和为 34；

（4）I、III 象限的上行数字之和相等，且等于 II、IV 象限的下行数字之和；I、III 象限的下行数字之和相等，且等于 II、IV 象限的上行数字之和。

（5）I、III 象限的右列数字之和相等，且等于 II、IV 象限的左列数字之和；I、III 象限的左列数字之和相等，且等于 II、IV 象限的右列数字之和。

（6）第一行和第四行的平方和相等，第二行和第三行的平方和相等。

（7）第一列和第四列的平方和相等，第二列和第三列的平方和相等。

（8）两条对角线上的数字和等于不在对角线上的数字和。

（9）两条对角线上的数字平方和等于不在对角线上的数字平方和。

（10）两条对角线上的数字立方和等于不在对角线上的数字立方和。

5.3　绝妙镶嵌

平面的规则分割称作"镶嵌"，即将封闭平面图形互不重叠排列起来，完全覆盖平面而不留空隙。如铺在地板上的正方形地砖。前面提及，古希腊毕达哥拉斯学派已经知道三种规则镶嵌。

图 5-28 艾舍尔的素描

荷兰著名艺术家艾舍尔（M. C. Escher, 1898—1972）对于镶嵌的兴趣始于1936年旅行西班牙的时候。在西班牙南部，艾舍尔足足花了三天时间研究并描摹摩尔人的镶嵌装饰画，后来他自己声称，这是他"曾经发掘过的最丰富的灵感的源泉"。1957年，他写了一篇关于填充画的文章，文中评论说：

> 在数学方面，人们已经从理论上考虑过平面的规则划分……这是否意味着它仅仅是一个数学问题呢？在我看来，不是的。数学已经打开了通往一片广阔领域的大门，但它还没有进入这一领域。它对于如何打开大门的方式，比门后面的花园更感兴趣。

艾舍尔在他的平面镶嵌画中开拓性地使用了一些基本的图案，并应用了反射、滑动反射、平移、旋转等数学方法，获得了更多的图案。他还将基本的图形进行变形，成为爬行动物（图 5-29）、鸟、虫、鱼、人物和别的图形。变化后的图形服从三重、四重或六重对称，效果既惊人又美观。如图 5-30 ~ 图 5-37。

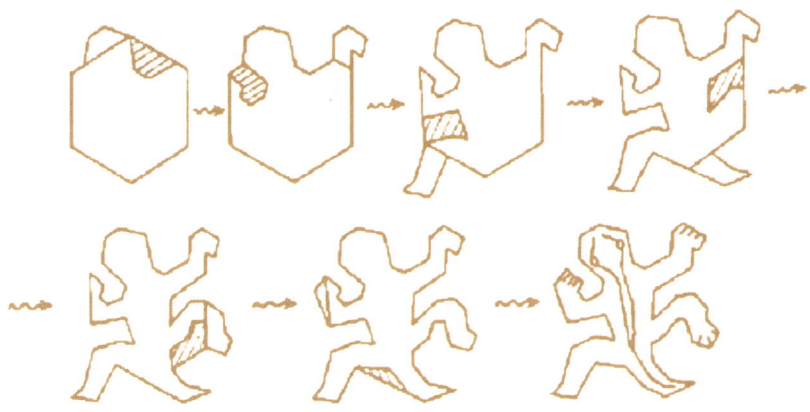

图 5-29　艾舍尔镶嵌图案的构造

图 5-30　艾舍尔及其镶嵌画（荷兰，1998）

图 5-31　艾舍尔的镶嵌画之一（1938）

图 5-32　艾舍尔的镶嵌画之二（1939）

图 5-33　艾舍尔的镶嵌画之三（1942）

图 5-34 艾舍尔的镶嵌画之四（1946）

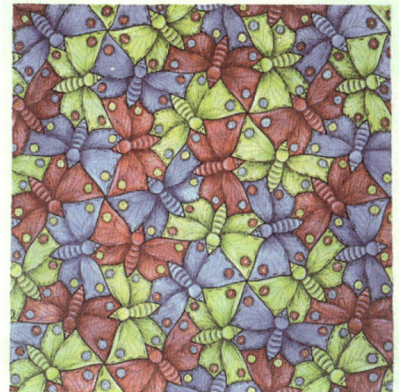

图 5-35 艾舍尔的镶嵌画之五（1948）

图 5-36 昼与夜（1938）

图 5-37　爬虫（1943）

5.4　宇宙之图

艾舍尔对于正多面体特别着迷，他的许多作品都以此为主题。我们知道，世界上只有五种正多面体——柏拉图立体：正四面体、正方体、正八面体、正十二面体和正二十面体。在木刻画《四种正多面体》（图 5-38）中，艾舍尔将四种正多面体画在一起，他们的对称轴是同一条直线；四种图形是半透明的，每一个图形都可以从别的图形中看出来。

将正多面体的每一面代以一个正棱锥体，即可将正多面体变成许多有趣的星形体。一个很漂亮的例子是艾舍尔《秩序与混乱》（图 5-39）中的十二面星体。星体居于一个透明的球体之中，象征着秩序；四周的碎片杂物则象征着混乱。

在雕版画《星星》（图 5-40）中，我们看到相交的正八面体、正四面体和正方体。艾舍尔在这些多面体中画了两条变色龙，促使人们以新的眼光来看他作品中的事物。我们可以想象：宇宙间的一个巨人看

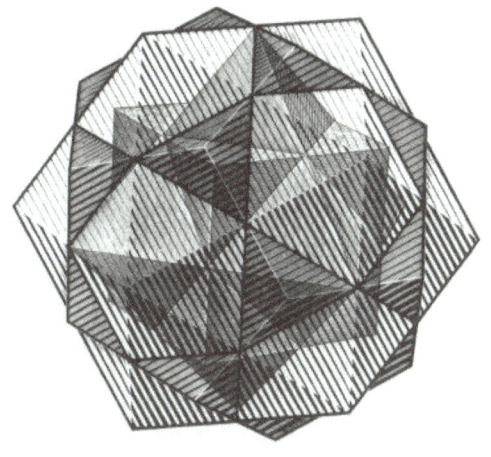

图 5-38　四个正多面体（木刻，黑、黄、红三色，1961）

图 5-39　秩序与混乱（1950）

图 5-40　星星（1948）

我们这个星球上的芸芸众生,是否就像我们看那正多面体中的变色龙一样呢?

《双小行星》(图 5-41)是由两座结构极为复杂的四面体相互交叉而成。其中一座上面有怪石嶙峋,奇花异木,象征着自然的造化;另一座上则有危楼高塔、飞檐雕栋,代表人类的工艺。整座双小行星的结构,杂乱与和谐、蛮荒与文明交相辉映,堪称鬼斧神工。

《四面体小行星》(图 5-42)也是一幅精美绝伦的作品。正四面体的四个面、六条棱和四个尖角上的人与物都受重力牵引,不至飘浮于太空。球形的大气层包围着这颗小行星,四个尖角穿出大气层——按照艾舍尔的解释,尖角上的空气仍足够上面的人呼吸。再细看其结构,可以发现每个面上的环岛附近,都有可供小舟划行的水道,水道四通八达,可通往小行星其他各面。

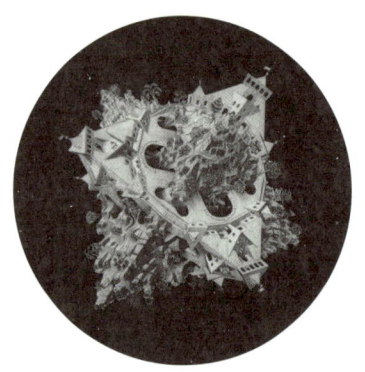 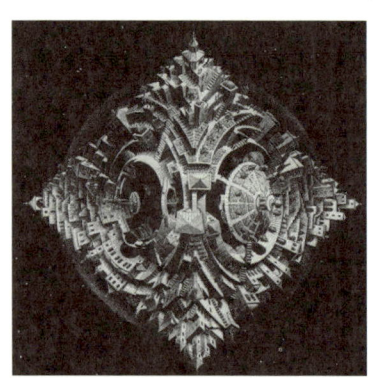

图 5-41 双小行星　　　图 5-42 四面体小行星

《扁虫》(图 5-43)里的大眼睛扁虫,悠游于一处由四面体及八面体块构筑的空间里。这样的建筑并非常见的方形砖块所砌成,也不含水平的地板或垂直的墙,并不适合人类居住,却恰恰能让扁虫们自由自在地漫游其间。

图 5-43 扁虫

5.5 莫氏奇带[1]

我们在小时候，或许已许多次不经意间和莫比乌斯带邂逅。在小学手工课上，经常需要把纸裁成带然后再粘合为环。这个任务对小朋友来说是很简单的。但有时总会有些马大哈会犯糊涂，在把纸带两端粘成环之前不小心翻了个面——把一个长方形的纸带扭转 180 度——后再把对边粘接起来，他们得到的就是莫比乌斯带。

莫比乌斯带是德国数学家莫比乌斯（A. F. Möbius, 1790—1868）在 1858 年

图 5-44 莫比乌斯带（卢森堡，1969）

---

1 本小节由作者的同事刘攀博士撰写。

研究一个著名数学猜想——"四色定理"时发现的一个副产品。关于莫比乌斯带的发现流传着这样一个有趣的故事：早在莫比乌斯之前即有数学家提出——是否可以用一张长方形的纸条，首尾相粘，做成一个圈，然后只用一种颜色，在纸圈上的一面涂抹，最后把整个纸圈全部涂成一种颜色，不留下任何空白？一个看来十分简单的问题，却困惑着科学家们许多年……后来莫比乌斯对此发生了浓厚兴趣。有一天，他到野外去散步。回眸处，田间一片片肥大的玉米叶子，在他眼里变成了"绿色的纸条儿"。他随便撕下一片，顺着叶子自然扭的方向对接成一个圆圈儿，然后惊喜地发现，这"绿色的圆圈儿"就是他梦寐以求的那种圈圈。

莫比乌斯带不同于常见的平环。平环有正反两个面——即所谓的双侧曲面；因此，它的两个面可涂成黑白不同的颜色。而莫比乌斯带只有一个面——单侧曲面，一只蚂蚁可以爬遍整个曲面而不必跨过它的边缘！

艾舍尔对于拓扑学亦很感兴趣，创作了许多莫比乌斯带。

在《莫比乌斯带 II》中，几只悠然散步的蚂蚁，正享受着单侧曲面的无限乐趣。

图 5-45　莫比乌斯带（II）（1963）

如果我们将一个普通的圆环沿着中间剪开，会产生两个新的圆环，两者可以完全分开。但是，如果在莫比乌斯带上进行同样的操作，我们不会得到两个分离的部分——它们依旧连在一起。埃舍尔在《莫比乌斯带I》中告诉了我们这一点。在这幅画里，每条蛇都咬着另

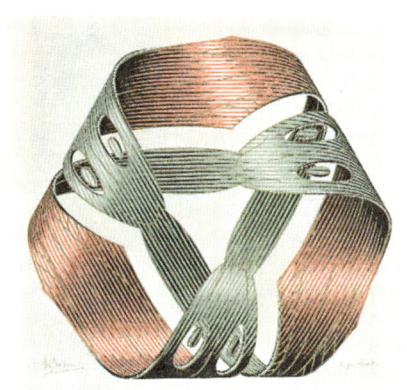

图 5-46　莫比乌斯带（I）（1961）

一条蛇的尾巴。整个图案就是一个纵向剪切的莫比乌斯带。若沿着蛇的方向看，它们似乎始终都是连在一起的；但是，如果我们将带子拉开一点，就会得到一个带有两个半周的带子。

在《骑士》中，我们看到了两个半周的莫比乌斯带。红与蓝相间的骑士图案，焕发出奇妙的拓扑色彩。

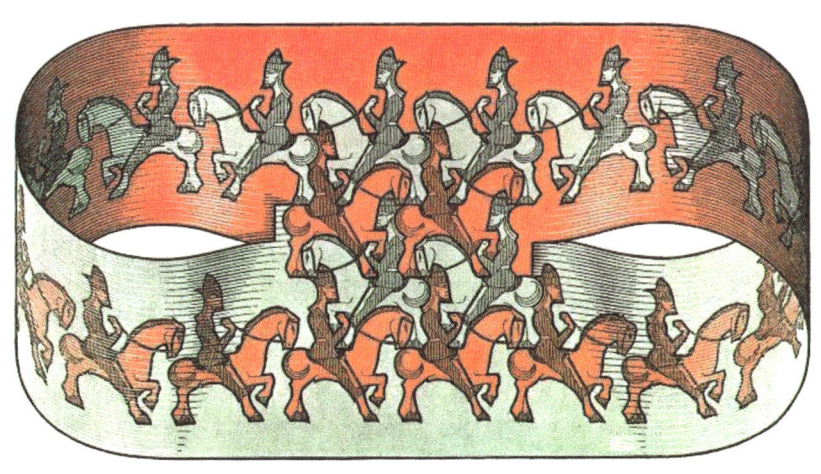

图 5-47　骑士（1946）

问题研究

5-1. 如图 5-48，设三角形 ABC 三边分别为 a，b，c。弗朗西斯卡给出 AC 在 AB 上的射影为 $x = \dfrac{c^2+b^2-a^2}{2c}$。试据此推导关于 AB 上的高 h 的计算公式

$$h = \dfrac{\sqrt{(a+b+c)(b+c-a)(a+c-b)(a+b-c)}}{2c}$$

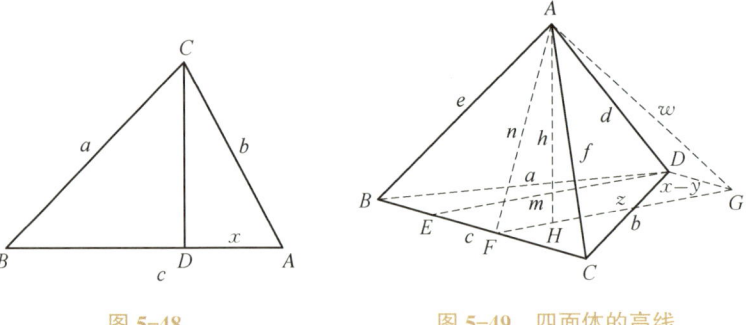

图 5-48　　　　　图 5-49　四面体的高线

5-2. 弗朗西斯卡把求三角形高的问题推广到了求四面体的高。如图 5-49 所示，已知四面体 $A\text{-}BCD$，分别过顶点 A 和 D 作 BC 边上的高 AF、DE。过 F 作 $FG \parallel ED$ 且 $FG = ED$，连接 DG。则四边形 $DEFG$ 为矩形，且面 AFG 垂直于底面。过 A 作 FG 上的高 AH，则 AH 即为四面体的高。于是，

$$EC = x = \dfrac{c^2+b^2-a^2}{2c},\ FC = y = \dfrac{f^2+c^2-e^2}{2c},\ DE^2 = m^2 = b^2 - x^2,$$

$$AF^2 = n^2 = f^2 - y^2,\ AG^2 = w^2 = d^2 - (x-y)^2,$$

$$HG = z = \frac{w^2 + m^2 - n^2}{2m}, \quad AH^2 = h^2 = w^2 - z^2$$

试由弗朗西斯卡的四面体求高公式,推导四面体体积公式:

$$\begin{aligned}144V^2 =\,& -a^2b^2c^2 - a^2b^2e^2 - b^2d^2f^2 - c^2e^2f^2 + a^2c^2d^2 + b^2c^2d^2 + a^2b^2e^2 \\ & + b^2c^2e^2 + b^2d^2e^2 + c^2d^2e^2 + a^2b^2f^2 + a^2c^2f^2 + a^2d^2f^2 + c^2d^2f^2 \\ & + a^2e^2f^2 + b^2e^2f^2 - c^4d^2 - c^2d^4 - b^4e^2 - b^2e^4 - a^4f^2 - a^2f^4\end{aligned}$$

5-3. 利用艾舍尔的方法设计一种平面镶嵌图案。

参考文献

[1] Alberti L B. *On Painting*. Cambridge: Cambridge University Press, 2011.

[2] Ball W W R. *Mathematical Recreations and Essays*. London: Macmillan, 1956.

[3] Boulet G. On the essence of multiplication. *For the Learning of Mathematics*, 1998, 18(3): 12–18.

[4] 波耶 C B. 微积分概念史. 上海师范大学数学系翻译组，译. 上海：上海人民出版社，1977.

[5] Braun M. *Differential Equations and Their Applications: An Introduction to Applied Mathematics*. New York: Springer-Verlag, 1992.

[6] Cajori F. *A History of Elementary Mathematics*. New York: The Macmillan Company, 1917.

[7] Carr W. *Introduction or Early History of Bees and Honey*. Salford: J. Roberts Printer, 1880.

[8] 卡洛尔 . 爱丽丝漫游奇境记 . 贾文浩，译 . 北京：北京燕山出版社，2001.

[9] Crowley M L, Dunn K A. On multiplying negative numbers. *Mathematics Teacher*, 1985, 78: 252–256.

[10] 陈志华 . 外国建筑史 . 北京：中国建筑工业出版社，1999.

[11] 柯南道尔 . 福尔摩斯侦探故事全集（上）. 程君，等，译 . 广州：新世纪出版社，2000.

[12] Cook T A. *The Curves of Life*. London: Constable and Company, 1914.

[13] Cournot A A. *Recherches sur les Principes Mathématiques de la Théorie des Richesses*. Paris: Chez L. Hachette, 1838.

[14] 达尔文 . 物种起源 . 周建人，等，译 . 北京：商务印书馆，2010.

[15] 狄更斯 . 艰难时世 . 全增嘏，胡文淑，译 . 上海：上海译文出版社，2008.

[16] 迪特里希 . 拿破仑的金字塔 . 吴晓妹，等，译 . 上海：上海文艺出版社，2010.

[17] Dostoevsky F. *The Brothers Karamazov*. Translated by Garnett C. http://www.ccel.org/ d/ dostoevsky/ karamazov/ karamazov. html.

[18] Dudley U. What to do when the trisector comes. *The Mathematical Intelligencer*, 1983, 5(1): 20–25.

[19] 爱德华 C H. 微积分发展史 . 张鸿林，译 . 北京：北京出版社，1987.

[20] 法布尔 . 昆虫记（卷八）. 鲁京明，梁守锵，等，译 . 广州：花城出版社，2001.

[21] 凡尔纳 . 神秘岛 . 杨苑，等，译 . 南京：译林出版社，2008.

[22] Fauvel J, Gray J. *The History of Mathematics: A Reader*. Hampshire:

Macmillan Education, 1987.

[23] Fauvel J. Using history in mathematics education. *For the Learning of Mathematics*, 1991, 11(2): 3–6.

[24] Fauvel J, van Maanen J. *History in Mathematics Education*. Dordrecht: Kluwer Academic Publishers, 2000.

[25] 斐波那契. 计算之书. 纪志刚，等，译. 北京：科学出版社, 2008.

[26] 伽莫夫. 从一到无穷大. 暴永宁，译. 北京：科学出版社，2002.

[27] 乔尔达诺. 质数的孤独. 文铮，译. 上海：上海译文出版社，2008.

[28] Gotze H. Friederich II and the love of geometry. *Mathematical Intelligencer*, 1995, 17(4): 48–57.

[29] 郭书春. 中国科学技术典籍通汇·数学卷（1–5）. 郑州：河南教育出版社，1994.

[30] Graham M. President Garfield and the Pythagorean theorem. *Mathematics Teacher*, 1976, 69(12): 686-687.

[31] Grattan-Guinness I. *Companion Encyclopedia of the History and Philosophy of Mathematical Sciences*. London: Routledge, 1994.

[32] Heath T L. *A History of Greek Mathematics*. London: Oxford University Press, 1921.

[33] 华蘅芳. 学算笔谈（卷五）. 光绪二十三年（1897）味经刊书处刊本.

[34] Huntley H E. *The Divine Proportion*. New York: Dover Publications, 1970: 64.

[35] Jackson J. *Rational Amusement for Winter Evenings*. London: Longman, etcs, 1821: 33–34.

[36] Jevons W S. *The Theory of Political Economy*. London: Macmillan &

Co, 1871.

[37] 伽亚谟. 鲁拜集. 郭沫若, 译. 北京: 中国社会科学出版社, 2003.

[38] 金庸. 射雕英雄传. 广州: 花城出版社, 2008.

[39] 克莱因 M. 古今数学思想（第二册）. 朱学贤, 等, 译. 上海: 上海科学技术出版社, 1979.

[40] 克莱因 M. 西方文化中的数学. 张祖贵, 译. 上海: 复旦大学出版社, 2005.

[41] Katz V. *Using History to Teach Mathematics.* Washington: Mathematical Association of America, 2000.

[42] Koblitz A H. *A Convergence of Lives—Sofia Kovalevskaia: Scientist, Writer, Revolutionary.* Boston: Birkhäuser, 1983.

[43] 刘钝. 大哉言数. 沈阳: 辽宁教育出版社, 1993.

[44] Livio M. *The Golden Ratio: The History of Phi, The World's Most Astonishing Number.* New York: Broadway Books, 2002.

[45] Locke W J. *Morals of Marcus Ordeyne.* New York: Grosset & Dunlap publishers, 1906.

[46] 路德维希. 拿破仑. 钱质熵, 译. 沈阳: 万卷出版公司, 2009.

[47] Maor E. *The Pythagorean Theorem: A 4000-year History.* Princeton: Princeton University Press, 2007.

[48] Maynard J. Napoleon's Waterloo wasn't mathematics. *Mathematics Teacher*, 1989, 82(11): 648−654.

[49] 米哈伊里迪斯. 毕达哥拉斯谜案. 姚人杰, 译. 北京: 新星出版社, 2010.

[50] McClenon R B. A contribution of Leibniz to the history of complex numbers. *American Mathematical Monthly*, 1923, 30: 369−374.

[51] Miller G A. *Historical Introduction to Mathematical Literature*. New York: The Macmillan Company, 1927: 38–39.

[52] De Morgan A. *A Budget of Paradoxes*. Chicago: The Open Publishing Co, 1915.

[53] Nahin P J. *An Imaginary Tale: The Story of $\sqrt{-1}$* . Princeton: Princeton University Press, 1998.

[54] Newman J R.(ed.). *The World of Mathematics* (Vol.4). New York: Simon and Schuster, 1956.

[55] Neugebauer O. *The Exact Sciences in Antiquity*. New York: Dover Publications, 1969.

[56] Paton W R. *The Greek Anthology with an English Translation by* (Vol. V). Cambridge: Harvard University Press, 1979: 27–107.

[57] Poe E A. The Murders in the Rue Morgue. *Graham's Magazine*, 1841, 18: 166–179.

[58] Poe E A. The Mystery of Marie Roget. http://www.pinkmonkey.com/dl/library1/roget.pdf.

[59] Poe E A. The Gold-Bug. *Dollar Newspaper*, vol. I, no. 23, June 28, 1843.

[60] Posamentier A S, Lehmann I. *Pi: A Biography of the World's Most Mysterious Number*. New York: Prometheus Books, 2004.

[61] 婆什迦罗. 莉拉沃蒂. 林隆夫, 徐泽林, 等, 译. 北京: 科学出版社, 2008: 91–98.

[62] Priestley M. *Calculus: An Historical Approach*. New York: Springer-Verlag, 1979.

[63] Quiller-Couch A. A new ballad of Sir Patrick Spens. *Mathematics

Teacher, 1955(1): 30–32.

[64] Robson E. Three old Babylonian methods for dealing with 'Pythagorean triangles'. *Journal of Cuneiform Studies*, 1997, 49: 51–72.

[65] 萨巴. 黎曼博士的零点. 汪晓勤，等，译. 上海：上海教育出版社，2006.

[66] 萨顿. 科学史与新人文主义. 陈恒六，等，译. 上海：上海交通大学出版社，2007.

[67] 萨顿. 科学的历史研究. 陈恒六，等，译. 上海：上海交通大学出版社，2007.

[68] Selin H. *Mathematics Across Cultures: the History of Non-Western Mathematics*. Dordrecht: Kluwer Academic Publishers, 2000.

[69] 沈康身. 历史数学名题赏析. 上海：上海教育出版社，2002.

[70] Smith D E. *The Teaching of Geometry*. Boston: Ginn and Company, 1911.

[71] Smith D E. *History of Mathematics* (Vol. I). Boston: Ginn and Company, 1923.

[72] Smith D E. *A Source Book in Mathematics*. New York: Dover Publications, 1959.

[73] Smith D E, Ginsburg J. *Numbers and Numerals: A Story Book for Young and Old*. New York: Bureau of Publications, Teachers College, Columbia University, 1937.

[74] 斯丹达尔. 斯丹达尔自传. 周光怡，译. 南京：江苏文艺出版社，1998.

[75] 斯威夫特. 格列佛游记. 张健，译. 北京：人民文学出版社，1979.

[76] Thompson D'Arcy. *On Growth and Form*. Cambridge: Cambridge

University Press, 1917.

[77] 托尔斯泰. 战争与和平. 周煜山, 译. 北京: 北京燕山出版社, 2001.

[78] Viète F. *Opera Mathematica.* Lugduni Batavorum: Officina Bonaventurae & Abrahami Elzevioiorum, 1646.

[79] Walton K D. Albrecht Durer's Renaissance connections between mathematics and art. *Mathematics Teacher*, 1994(4): 278–282.

[80] 汪晓勤. 祖冲之圆周率在西方的历史境遇. 自然杂志, 2000, 22(5): 300–304.

[81] 汪晓勤. 一种中世纪的数字棋. 科学, 2001, 53(6): 57–59.

[82] 汪晓勤. 圆周率议案始末. 中学数学教学参考, 2003(9): 62–64.

[83] 汪晓勤, 赵红琴. 阿基米德与圆周率. 数学教学, 2004(1): 39–41.

[84] 汪晓勤. 一卷永不过期的数学狂怪档案. 自然辩证法研究, 2004, 20(9): 86–89.

[85] 汪晓勤. 数学与诗歌: 历史寻踪. 自然辩证法通讯, 2006, 28(3): 16–21.

[86] 汪晓勤. 相似三角形的应用: 从历史到课堂. 中学数学教学参考, 2007(9): 54–55.

[87] 汪晓勤. 全等三角形的应用: 从历史到课堂. 中学数学教学参考, 2008(10): 55–57.

[88] 汪晓勤. 绝版议案. 科学, 2008, 60(3): 1–2.

[89] 汪晓勤. 从巴比伦祭司到达芬奇. 中学数学教学参考, 2009(1–2): 131–133.

[90] 汪晓勤. 数学与建筑. 中学数学教学参考, 2009(7): 68–70.

[91] 汪晓勤. 用字母表示数的历史. 数学教学, 2011(9): 24–27.

[92] 汪晓勤，陈慧. 华里司：自学成才的数学家、欧洲大陆微积分的早期传播者. 自然辩证法通讯，2010, 32(6): 97−105.

[93] 王蒙. 王蒙自述：我的人生哲学. 北京：人民文学出版社，2003.

[94] 王韬. 王韬日记. 北京：中华书局，1987.

[95] Weyl H. *Symmetry.* Princeton: Princeton University Press, 1952.

[96] Wilson R. *Lewis Carroll in Numberland: His Fantastical Mathematical Logical Life.* New York: W. W. Norton & Company, 2008.

[97] Wursthorn P A. The Position of Thomas Carlyle in the History of Mathematics. *Mathematics teacher,* 1966, 70: 755−770.

[98] 辛格. 费马大定理. 薛密，译. 上海：上海译文出版社，1998.

[99] 徐迟. 哥德巴赫猜想. 人民文学，1978(1): 53−68.

[100] 赵瑶瑶，汪晓勤. 邹腾：19世纪数学史家、丹麦数学的先驱者. 自然辩证法通讯，2007, 29(3): 76−84.